古代经典名方新药上市全周期指引手册
（上册）

主　编　王燕平　史楠楠

图书在版编目（CIP）数据

古代经典名方新药上市全周期指引手册：上、下册 / 王燕平，史楠楠主编 . — 北京：中医古籍出版社，2021.4（2022.8 重印）

ISBN 978-7-5152-1143-5

Ⅰ . ①古… Ⅱ . ①王… ②史… Ⅲ . ①中成药—产品开发—手册 Ⅳ . ① TQ461-62

中国版本图书馆 CIP 数据核字（2021）第 054346 号

古代经典名方新药上市全周期指引手册（上、下册）

主编　王燕平　史楠楠

策划编辑　姚　强

责任编辑　李　炎

出版发行　中医古籍出版社

社　　址　北京市东城区东直门内南小街 16 号（100700）

电　　话　010-64089446（总编室）010-64002949（发行部）

网　　址　www.zhongyiguji.com.cn

印　　刷　北京中献拓方科技发展有限公司

开　　本　787mm×1092mm　1/16

印　　张　41.75

字　　数　602 千字

版　　次　2021 年 4 月第 1 版　2022 年 8 月第 2 次印刷

书　　号　ISBN 978-7-5152-1143-5

定　　价　158.00 元（上、下册）

编委会

（中国中医科学院中医临床基础医学研究所）

顾　问　于幼梅

主　编　王燕平　史楠楠

副主编　范逸品　刘　斌　马　艳　白卫国

编　委　车前子　陈仁波　龚照元　顾　浩
焦丽雯　李　安　李慧珍　李　立
李衣芗　梁　宁　刘大胜　刘　佳
刘玉祁　吕　诚　施　展　谭　勇
田雅欣　王晶亚　王丽颖　熊一白
杨　伟　虞雪云　张泽磊　赵　晨
支英杰　宗星煜

前言

新型冠状病毒肺炎（Corona Virus Disease 2019，COVID-19）疫情的暴发及快速传播这一全球公共卫生紧急事件，严重威胁着人类的生命健康。面对突如其来的疫情，中国政府迅速响应，积极采取措施应对，有效地阻止了疫情的传播。

为贯彻落实中共中央关于疫情防控的指示批示精神，充分发挥中医药在防控新型冠状病毒肺炎疫情中的特色优势，国家卫生健康委员会、国家中医药管理局向全国推广的有效方药“清肺排毒汤”被纳入《新型冠状病毒肺炎诊疗方案》（试行第六、七、八版）中，是适用于轻型、普通型、重型新型冠状病毒肺炎的通用方，其临床疗效确切，机理研究深入，应用范围广泛，为疫情防控作出了重要贡献。

为加快“清肺排毒汤”成果转化，推进中药新药“清肺排毒颗粒”研发上市，中国中医科学院中医临床基础医学研究所、国家中医药管理局“清肺排毒汤”应急项目组特整理《古代经典名方新药上市全周期指引手册》（上、下册），旨在为“清肺排毒颗粒”的新药申报工作提供重要政策支撑。

中国中医科学院中医临床基础医学研究所
国家中医药管理局“清肺排毒汤”应急项目组
2021 年 2 月

目　录
CONTENTS

01 药品注册　/　1

1.1 药品注册管理办法

（2020 年 1 月 22 日国家市场监督管理总局令第 27 号公布）　/　3

1.2 中药注册分类及申报资料要求

（国家药监局 2020 年第 68 号通告附件）　/　31

1.3 药品注册申报资料格式体例与整理规范

（国家药监局药审中心 2020 年第 12 号通告附件）　/　61

1.4 中药注册受理审查指南（试行）

（国家药监局药审中心 2020 年第 34 号通告附件）　/　67

1.5 中药新药研究各阶段药学研究技术指导原则（试行）

（国家药监局药审中心 2020 年第 37 号通告附件）　/　78

1.6 中药新药质量研究技术指导原则（试行）

（国家药监局药审中心 2021 年第 3 号通告附件）　/　85

1.7 新药中医药理论申报资料、说明书撰写指导原则（征求意见稿）/　93

1.7.1 中药新药复方制剂中医药理论申报资料撰写指导原则

（征求意见稿）

（国家药监局药审中心 2021 年 2 月 4 日通知附件 1）　/　93

1.7.2 古代经典名方中药复方制剂说明书撰写指导原则

（征求意见稿）

（国家药监局药审中心 2021 年 2 月 4 日通知附件 2）　/　100

1.8 药品审评中心补充资料工作程序（试行）

（国家药监局药审中心 2020 年第 42 号通告附件）　/　106

1.8.1 药品审评书面发补标准（试行）　/　111

1.8.2 专业审评问询函、补充资料通知、补充资料问询函模板　/　113

1.9 药物研发与技术审评沟通交流管理办法　/　120

1.10 药品注册审评结论异议解决程序（试行）

（国家药监局 2020 年第 94 号通告附件） / 131

1.11 国家食品药品监督管理局药品特别审批程序

（2005年11月18日国家食品药品监督管理局令第21号公布） / 137

1.12 药品注册审评一般性技术问题咨询管理规范

（国家药监局药审中心 2018 年 12 月 21 日颁布） / 143

1.13《古代经典名方中药复方制剂简化注册审批管理规定》有关文件 / 146

1.13.1 古代经典名方中药复方制剂简化注册审批管理规定

（国家药品监督管理局 2018 年第 27 号通告附件 1） / 146

1.13.2 关于《古代经典名方中药复方制剂简化注册审批管理规定》的起草说明

（国家药品监督管理局 2018 年第 27 号通告附件 2） / 151

1.14 国家食品药品监督管理局关于做好实施新修订药品生产质量管理规范过程中药品技术转让有关事项的通知

（国食药监注〔2013〕38 号） / 156

1.15 药品技术转让注册管理规定

（国食药监注〔2009〕518 号附件） / 159

02 药品生产 / 171

2.1 药品生产监督管理办法

（2020 年 1 月 22 日国家市场监督管理总局令第 28 号公布） / 173

2.2《药品生产监督管理办法》有关事项 / 192

2.2.1 药品生产许可证申请材料清单

（国家药监局 2020 年第 47 号公告附件 1） / 195

2.2.2 药品生产质量管理规范符合性检查申请材料清单
（国家药监局 2020 年第 47 号公告附件 2） / 201
2.2.3 药品生产许可证申请表
（国家药监局 2020 年第 47 号公告附件 3） / 203
2.2.4 药品生产质量管理规范符合性检查申请表
（国家药监局 2020 年第 47 号公告附件 4） / 209
2.3 药品生产质量管理规范（2010 年修订）
（2011 年 1 月 17 日中华人民共和国卫生部令第 79 号） / 212
2.4 中药提取物备案管理实施细则
（食药监药化监〔2014〕135 号附件） / 267
2.4.1 中药提取物生产备案表 / 274
2.4.2 中药提取物使用备案表 / 276
2.5《中药新药用药材质量控制研究技术指导原则（试行）》有关文件 / 278
2.5.1 中药新药用药材质量控制研究技术指导原则（试行）
（国家药监局药审中心 2020 年第 31 号通告附件 1） / 278
2.5.2 中药新药用饮片炮制研究技术指导原则（试行）
（国家药监局药审中心 2020 年第 31 号通告附件 2） / 285
2.5.3 中药新药质量标准研究技术指导原则（试行）
（国家药监局药审中心 2020 年第 31 号通告附件 3） / 292
2.6 中药复方制剂生产工艺研究技术指导原则（试行）
（国家药监局药审中心 2020 年第 43 号通告附件） / 301

01

药品注册

1.1 药品注册管理办法

（2020年1月22日国家市场监督管理总局令第27号公布）

国家市场监督管理总局令

第 27 号

《药品注册管理办法》已于 2020 年 1 月 15 日经国家市场监督管理总局 2020 年第 1 次局务会议审议通过，现予公布，自 2020 年 7 月 1 日起施行。

局长　肖亚庆

2020年1月22日

药品注册管理办法

第一章　总　则

第一条　为规范药品注册行为，保证药品的安全、有效和质量可控，根据《中华人民共和国药品管理法》(以下简称《药品管理法》)、《中华人民共和国中医药法》《中华人民共和国疫苗管理法》(以下简称《疫苗管理法》)、《中华人民共和国行政许可法》《中华人民共和国药品管理法实施条例》等法律、行政法规，制定本办法。

第二条　在中华人民共和国境内以药品上市为目的，从事药品研制、注册及监督管理活动，适用本办法。

第三条 药品注册是指药品注册申请人（以下简称申请人）依照法定程序和相关要求提出药物临床试验、药品上市许可、再注册等申请以及补充申请，药品监督管理部门基于法律法规和现有科学认知进行安全性、有效性和质量可控性等审查，决定是否同意其申请的活动。

申请人取得药品注册证书后，为药品上市许可持有人（以下简称持有人）。

第四条 药品注册按照中药、化学药和生物制品等进行分类注册管理。

中药注册按照中药创新药、中药改良型新药、古代经典名方中药复方制剂、同名同方药等进行分类。

化学药注册按照化学药创新药、化学药改良型新药、仿制药等进行分类。

生物制品注册按照生物制品创新药、生物制品改良型新药、已上市生物制品（含生物类似药）等进行分类。

中药、化学药和生物制品等药品的细化分类和相应的申报资料要求，由国家药品监督管理局根据注册药品的产品特性、创新程度和审评管理需要组织制定，并向社会公布。

境外生产药品的注册申请，按照药品的细化分类和相应的申报资料要求执行。

第五条 国家药品监督管理局主管全国药品注册管理工作，负责建立药品注册管理工作体系和制度，制定药品注册管理规范，依法组织药品注册审评审批以及相关的监督管理工作。国家药品监督管理局药品审评中心（以下简称药品审评中心）负责药物临床试验申请、药品上市许可申请、补充申请和境外生产药品再注册申请等的审评。中国食品药品检定研究院（以下简称中检院）、国家药典委员会（以下简称药典委）、国家药品监督管理局食品药品审核查验中心（以下简称药品核查中心）、国家药品监督管理局药品评价中心（以下简称药品评价中心）、国家药品监督管理局行政事项受理服务和投诉举报中心、国家药品监督管理局信息中心（以下简称信息中心）等药品专业技术机构，承担依法实施药品注册管理所需的药品注册检验、通用名称核准、核查、监测与评价、制证送达以及相应的信息化建设与管理等相关工作。

第六条 省、自治区、直辖市药品监督管理部门负责本行政区域内以下药品注册相关管理工作：

（一）境内生产药品再注册申请的受理、审查和审批；

（二）药品上市后变更的备案、报告事项管理；

（三）组织对药物非临床安全性评价研究机构、药物临床试验机构的日常监管及违法行为的查处；

（四）参与国家药品监督管理局组织的药品注册核查、检验等工作；

（五）国家药品监督管理局委托实施的药品注册相关事项。

省、自治区、直辖市药品监督管理部门设置或者指定的药品专业技术机构，承担依法实施药品监督管理所需的审评、检验、核查、监测与评价等工作。

第七条 药品注册管理遵循公开、公平、公正原则，以临床价值为导向，鼓励研究和创制新药，积极推动仿制药发展。

国家药品监督管理局持续推进审评审批制度改革，优化审评审批程序，提高审评审批效率，建立以审评为主导，检验、核查、监测与评价等为支撑的药品注册管理体系。

第二章 基本制度和要求

第八条 从事药物研制和药品注册活动，应当遵守有关法律、法规、规章、标准和规范；参照相关技术指导原则，采用其他评价方法和技术的，应当证明其科学性、适用性；应当保证全过程信息真实、准确、完整和可追溯。

药品应当符合国家药品标准和经国家药品监督管理局核准的药品质量标准。经国家药品监督管理局核准的药品质量标准，为药品注册标准。药品注册标准应当符合《中华人民共和国药典》通用技术要求，不得低于《中华人民共和国药典》的规定。申报注册品种的检测项目或者指标不适用《中华人民共和国药典》的，申请人应当提供充分的支持性数据。

药品审评中心等专业技术机构，应当根据科学进展、行业发展实际和药品监督管理工作需要制定技术指导原则和程序，并向社会公布。

第九条 申请人应当为能够承担相应法律责任的企业或者药品研制机构等。境外申请人应当指定中国境内的企业法人办理相关药品注册事项。

第十条 申请人在申请药品上市注册前，应当完成药学、药理毒理学和药物临床试验等相关研究工作。药物非临床安全性评价研究应当在经过药物非临床研究质量管理规范认证的机构开展，并遵守药物非临床研究质量管理规范。药物临床试验应当经批准，其中生物等效性试验应当备案；药物临床试验应当在符合相关规定的药物临床试验机构开展，并遵守药物临床试验质量管理规范。

申请药品注册，应当提供真实、充分、可靠的数据、资料和样品，证明药品的安全性、有效性和质量可控性。

使用境外研究资料和数据支持药品注册的，其来源、研究机构或者实验室条件、质量体系要求及其他管理条件等应当符合国际人用药品注册技术要求协调会通行原则，并符合我国药品注册管理的相关要求。

第十一条 变更原药品注册批准证明文件及其附件所载明的事项或者内容的，申请人应当按照规定，参照相关技术指导原则，对药品变更进行充分研究和验证，充分评估变更可能对药品安全性、有效性和质量可控性的影响，按照变更程序提出补充申请、备案或者报告。

第十二条 药品注册证书有效期为五年，药品注册证书有效期内持有人应当持续保证上市药品的安全性、有效性和质量可控性，并在有效期届满前六个月申请药品再注册。

第十三条 国家药品监督管理局建立药品加快上市注册制度，支持以临床价值为导向的药物创新。对符合条件的药品注册申请，申请人可以申请适用突破性治疗药物、附条件批准、优先审评审批及特别审批程序。在药品研制和注册过程中，药品监督管理部门及其专业技术机构给予必要的技术指导、沟通交流、优先配置资源、缩短审评时限等政策和技术支持。

第十四条 国家药品监督管理局建立化学原料药、辅料及直接接触药品的包装材料和容器关联审评审批制度。在审批药品制剂时，对化学原料药一并审评审批，对相关辅料、直接接触药品的包装材料和容器一并审评。药品审评中心建立化学原料药、辅料及直接接触药品的包装材料和容器信息登记平台，对相关登记信息进行公示，供相关申请人或者持有人选择，并在相关药品制剂注册申请审评时关联审评。

第十五条 处方药和非处方药实行分类注册和转换管理。药品审评中心根据非处方药的特点，制定非处方药上市注册相关技术指导原则和程序，并向社会公布。药品评价中心制定处方药和非处方药上市后转换相关技术要求和程序，并向社会公布。

第十六条 申请人在药物临床试验申请前、药物临床试验过程中以及药品上市许可申请前等关键阶段，可以就重大问题与药品审评中心等专业技术机构进行沟通交流。药品注册过程中，药品审评中心等专业技术机构可以根据工作需要组织与申请人进行沟通交流。

沟通交流的程序、要求和时限，由药品审评中心等专业技术机构依照职能分别制定，并向社会公布。

第十七条 药品审评中心等专业技术机构根据工作需要建立专家咨询制度，成立专家咨询委员会，在审评、核查、检验、通用名称核准等过程中就重大问题听取专家意见，充分发挥专家的技术支撑作用。

第十八条 国家药品监督管理局建立收载新批准上市以及通过仿制药质量和疗效一致性评价的化学药品目录集，载明药品名称、活性成分、剂型、规格、是否为参比制剂、持有人等相关信息，及时更新并向社会公开。化学药品目录集收载程序和要求，由药品审评中心制定，并向社会公布。

第十九条 国家药品监督管理局支持中药传承和创新，建立和完善符合中药特点的注册管理制度和技术评价体系，鼓励运用现代科学技术和传统研究方法研制中药，加强中药质量控制，提高中药临床试验水平。

中药注册申请，申请人应当进行临床价值和资源评估，突出以临床价值为导向，促进资源可持续利用。

第三章　药品上市注册

第一节　药物临床试验

第二十条　本办法所称药物临床试验是指以药品上市注册为目的，为确定药物安全性与有效性在人体开展的药物研究。

第二十一条　药物临床试验分为Ⅰ期临床试验、Ⅱ期临床试验、Ⅲ期临床试验、Ⅳ期临床试验以及生物等效性试验。根据药物特点和研究目的，研究内容包括临床药理学研究、探索性临床试验、确证性临床试验和上市后研究。

第二十二条　药物临床试验应当在具备相应条件并按规定备案的药物临床试验机构开展。其中，疫苗临床试验应当由符合国家药品监督管理局和国家卫生健康委员会规定条件的三级医疗机构或者省级以上疾病预防控制机构实施或者组织实施。

第二十三条　申请人完成支持药物临床试验的药学、药理毒理学等研究后，提出药物临床试验申请的，应当按照申报资料要求提交相关研究资料。经形式审查，申报资料符合要求的，予以受理。药品审评中心应当组织药学、医学和其他技术人员对已受理的药物临床试验申请进行审评。对药物临床试验申请应当自受理之日起六十日内决定是否同意开展，并通过药品审评中心网站通知申请人审批结果；逾期未通知的，视为同意，申请人可以按照提交的方案开展药物临床试验。

申请人获准开展药物临床试验的为药物临床试验申办者（以下简称申办者）。

第二十四条　申请人拟开展生物等效性试验的，应当按照要求在药品审评中心网站完成生物等效性试验备案后，按照备案的方案开展相关研究工作。

第二十五条　开展药物临床试验，应当经伦理委员会审查同意。

药物临床试验用药品的管理应当符合药物临床试验质量管理规范的有关要求。

第二十六条 获准开展药物临床试验的，申办者在开展后续分期药物临床试验前，应当制定相应的药物临床试验方案，经伦理委员会审查同意后开展，并在药品审评中心网站提交相应的药物临床试验方案和支持性资料。

第二十七条 获准开展药物临床试验的药物拟增加适应证（或者功能主治）以及增加与其他药物联合用药的，申请人应当提出新的药物临床试验申请，经批准后方可开展新的药物临床试验。

获准上市的药品增加适应证（或者功能主治）需要开展药物临床试验的，应当提出新的药物临床试验申请。

第二十八条 申办者应当定期在药品审评中心网站提交研发期间安全性更新报告。研发期间安全性更新报告应当每年提交一次，于药物临床试验获准后每满一年后的两个月内提交。药品审评中心可以根据审查情况，要求申办者调整报告周期。

对于药物临床试验期间出现的可疑且非预期严重不良反应和其他潜在的严重安全性风险信息，申办者应当按照相关要求及时向药品审评中心报告。根据安全性风险严重程度，可以要求申办者采取调整药物临床试验方案、知情同意书、研究者手册等加强风险控制的措施，必要时可以要求申办者暂停或者终止药物临床试验。

研发期间安全性更新报告的具体要求由药品审评中心制定公布。

第二十九条 药物临床试验期间，发生药物临床试验方案变更、非临床或者药学的变化或者有新发现的，申办者应当按照规定，参照相关技术指导原则，充分评估对受试者安全的影响。

申办者评估认为不影响受试者安全的，可以直接实施并在研发期间安全性更新报告中报告。可能增加受试者安全性风险的，应当提出补充申请。对补充申请应当自受理之日起六十日内决定是否同意，并通过药品审评中心网站通知申请人审批结果；逾期未通知的，视为同意。

申办者发生变更的，由变更后的申办者承担药物临床试验的相关责任和义务。

第三十条 药物临床试验期间，发现存在安全性问题或者其他风险的，申办者应当及时调整临床试验方案、暂停或者终止临床试验，并向药品审评中心报告。

有下列情形之一的，可以要求申办者调整药物临床试验方案、暂停或者终止药物临床试验：

（一）伦理委员会未履行职责的；

（二）不能有效保证受试者安全的；

（三）申办者未按照要求提交研发期间安全性更新报告的；

（四）申办者未及时处置并报告可疑且非预期严重不良反应的；

（五）有证据证明研究药物无效的；

（六）临床试验用药品出现质量问题的；

（七）药物临床试验过程中弄虚作假的；

（八）其他违反药物临床试验质量管理规范的情形。

药物临床试验中出现大范围、非预期的严重不良反应，或者有证据证明临床试验用药品存在严重质量问题时，申办者和药物临床试验机构应当立即停止药物临床试验。药品监督管理部门依职责可以责令调整临床试验方案、暂停或者终止药物临床试验。

第三十一条 药物临床试验被责令暂停后，申办者拟继续开展药物临床试验的，应当在完成整改后提出恢复药物临床试验的补充申请，经审查同意后方可继续开展药物临床试验。药物临床试验暂停时间满三年且未申请并获准恢复药物临床试验的，该药物临床试验许可自行失效。

药物临床试验终止后，拟继续开展药物临床试验的，应当重新提出药物临床试验申请。

第三十二条 药物临床试验应当在批准后三年内实施。药物临床试验申请自获准之日起，三年内未有受试者签署知情同意书的，该药物临床试验许可自行失效。仍需实施药物临床试验的，应当重新申请。

第三十三条 申办者应当在开展药物临床试验前在药物临床试验登记与信息公示平台登记药物临床试验方案等信息。药物临床试验期间，申办者应当持续更新登记信息，并在药物临床试验结束后登记药物临床试验结果等信息。登记信息在平台进行公示，申办者对药物临床试验登记信息的真实性负责。

药物临床试验登记和信息公示的具体要求，由药品审评中心制定公布。

第二节　药品上市许可

第三十四条　申请人在完成支持药品上市注册的药学、药理毒理学和药物临床试验等研究，确定质量标准，完成商业规模生产工艺验证，并做好接受药品注册核查检验的准备后，提出药品上市许可申请，按照申报资料要求提交相关研究资料。经对申报资料进行形式审查，符合要求的，予以受理。

第三十五条　仿制药、按照药品管理的体外诊断试剂以及其他符合条件的情形，经申请人评估，认为无须或者不能开展药物临床试验，符合豁免药物临床试验条件的，申请人可以直接提出药品上市许可申请。豁免药物临床试验的技术指导原则和有关具体要求，由药品审评中心制定公布。

仿制药应当与参比制剂质量和疗效一致。申请人应当参照相关技术指导原则选择合理的参比制剂。

第三十六条　符合以下情形之一的，可以直接提出非处方药上市许可申请：

（一）境内已有相同活性成分、适应证（或者功能主治）、剂型、规格的非处方药上市的药品；

（二）经国家药品监督管理局确定的非处方药改变剂型或者规格，但不改变适应证（或者功能主治）、给药剂量以及给药途径的药品；

（三）使用国家药品监督管理局确定的非处方药的活性成分组成的新的复方制剂；

（四）其他直接申报非处方药上市许可的情形。

第三十七条　申报药品拟使用的药品通用名称，未列入国家药品标准或者药品注册标准的，申请人应当在提出药品上市许可申请时同时提出通用名称核准申请。药品上市许可申请受理后，通用名称核准相关资料转药典委，药典委核准后反馈药品审评中心。

申报药品拟使用的药品通用名称，已列入国家药品标准或者药品注册标准，药品审评中心在审评过程中认为需要核准药品通用名称的，应当通知药典委核准通用名称并提供相关资料，药典委核准后反馈药品审评中心。

药典委在核准药品通用名称时，应当与申请人做好沟通交流，并将核准结果告知申请人。

第三十八条 药品审评中心应当组织药学、医学和其他技术人员，按要求对已受理的药品上市许可申请进行审评。

审评过程中基于风险启动药品注册核查、检验，相关技术机构应当在规定时限内完成核查、检验工作。

药品审评中心根据药品注册申报资料、核查结果、检验结果等，对药品的安全性、有效性和质量可控性等进行综合审评，非处方药还应当转药品评价中心进行非处方药适宜性审查。

第三十九条 综合审评结论通过的，批准药品上市，发给药品注册证书。综合审评结论不通过的，作出不予批准决定。药品注册证书载明药品批准文号、持有人、生产企业等信息。非处方药的药品注册证书还应当注明非处方药类别。

经核准的药品生产工艺、质量标准、说明书和标签作为药品注册证书的附件一并发给申请人，必要时还应当附药品上市后研究要求。上述信息纳入药品品种档案，并根据上市后变更情况及时更新。

药品批准上市后，持有人应当按照国家药品监督管理局核准的生产工艺和质量标准生产药品，并按照药品生产质量管理规范要求进行细化和实施。

第四十条 药品上市许可申请审评期间，发生可能影响药品安全性、有效性和质量可控性的重大变更的，申请人应当撤回原注册申请，补充研究后重新申报。

申请人名称变更、注册地址名称变更等不涉及技术审评内容的，应当及时书面告知药品审评中心并提交相关证明性资料。

第三节　关联审评审批

第四十一条　药品审评中心在审评药品制剂注册申请时，对药品制剂选用的化学原料药、辅料及直接接触药品的包装材料和容器进行关联审评。

化学原料药、辅料及直接接触药品的包装材料和容器生产企业应当按照关联审评审批制度要求，在化学原料药、辅料及直接接触药品的包装材料和容器登记平台登记产品信息和研究资料。药品审评中心向社会公示登记号、产品名称、企业名称、生产地址等基本信息，供药品制剂注册申请人选择。

第四十二条　药品制剂申请人提出药品注册申请，可以直接选用已登记的化学原料药、辅料及直接接触药品的包装材料和容器；选用未登记的化学原料药、辅料及直接接触药品的包装材料和容器的，相关研究资料应当随药品制剂注册申请一并申报。

第四十三条　药品审评中心在审评药品制剂注册申请时，对药品制剂选用的化学原料药、辅料及直接接触药品的包装材料和容器进行关联审评，需补充资料的，按照补充资料程序要求药品制剂申请人或者化学原料药、辅料及直接接触药品的包装材料和容器登记企业补充资料，可以基于风险提出对化学原料药、辅料及直接接触药品的包装材料和容器企业进行延伸检查。

仿制境内已上市药品所用的化学原料药的，可以申请单独审评审批。

第四十四条　化学原料药、辅料及直接接触药品的包装材料和容器关联审评通过的或者单独审评审批通过的，药品审评中心在化学原料药、辅料及直接接触药品的包装材料和容器登记平台更新登记状态标识，向社会公示相关信息。其中，化学原料药同时发给化学原料药批准通知书及核准后的生产工艺、质量标准和标签，化学原料药批准通知书中载明登记号；不予批准的，发给化学原料药不予批准通知书。

未通过关联审评审批的，化学原料药、辅料及直接接触药品的包装材料和容器产品的登记状态维持不变，相关药品制剂申请不予批准。

第四节　药品注册核查

第四十五条　药品注册核查，是指为核实申报资料的真实性、一致性以及药品上市商业化生产条件，检查药品研制的合规性、数据可靠性等，对研制现场和生产现场开展的核查活动，以及必要时对药品注册申请所涉及的化学原料药、辅料及直接接触药品的包装材料和容器生产企业、供应商或者其他受托机构开展的延伸检查活动。

药品注册核查启动的原则、程序、时限和要求，由药品审评中心制定公布；药品注册核查实施的原则、程序、时限和要求，由药品核查中心制定公布。

第四十六条　药品审评中心根据药物创新程度、药物研究机构既往接受核查情况等，基于风险决定是否开展药品注册研制现场核查。

药品审评中心决定启动药品注册研制现场核查的，通知药品核查中心在审评期间组织实施核查，同时告知申请人。药品核查中心应当在规定时限内完成现场核查，并将核查情况、核查结论等相关材料反馈药品审评中心进行综合审评。

第四十七条　药品审评中心根据申报注册的品种、工艺、设施、既往接受核查情况等因素，基于风险决定是否启动药品注册生产现场核查。

对于创新药、改良型新药以及生物制品等，应当进行药品注册生产现场核查和上市前药品生产质量管理规范检查。

对于仿制药等，根据是否已获得相应生产范围药品生产许可证且已有同剂型品种上市等情况，基于风险进行药品注册生产现场核查、上市前药品生产质量管理规范检查。

第四十八条　药品注册申请受理后，药品审评中心应当在受理后四十日内进行初步审查，需要药品注册生产现场核查的，通知药品核查中心组织核查，提供核查所需的相关材料，同时告知申请人以及申请人或者生产企业所在地省、自治区、直辖市药品监督管理部门。药品核查中心原则上应当在审评时限届满四十日前完成核查工作，并将核查情况、核查结果等相关材料反馈至药品审评中心。

需要上市前药品生产质量管理规范检查的，由药品核查中心协调相关省、自治区、直辖市药品监督管理部门与药品注册生产现场核查同步实施。上市前药品生产质量管理规范检查的管理要求，按照药品生产监督管理办法的有关规定执行。

申请人应当在规定时限内接受核查。

第四十九条 药品审评中心在审评过程中，发现申报资料真实性存疑或者有明确线索举报等，需要现场检查核实的，应当启动有因检查，必要时进行抽样检验。

第五十条 申请药品上市许可时，申请人和生产企业应当已取得相应的药品生产许可证。

第五节 药品注册检验

第五十一条 药品注册检验，包括标准复核和样品检验。标准复核，是指对申请人申报药品标准中设定项目的科学性、检验方法的可行性、质控指标的合理性等进行的实验室评估。样品检验，是指按照申请人申报或者药品审评中心核定的药品质量标准对样品进行的实验室检验。

药品注册检验启动的原则、程序、时限等要求，由药品审评中心组织制定公布。药品注册申请受理前提出药品注册检验的具体工作程序和要求以及药品注册检验技术要求和规范，由中检院制定公布。

第五十二条 与国家药品标准收载的同品种药品使用的检验项目和检验方法一致的，可以不进行标准复核，只进行样品检验。其他情形应当进行标准复核和样品检验。

第五十三条 中检院或者经国家药品监督管理局指定的药品检验机构承担以下药品注册检验：

（一）创新药；

（二）改良型新药（中药除外）；

（三）生物制品、放射性药品和按照药品管理的体外诊断试剂；

（四）国家药品监督管理局规定的其他药品。

境外生产药品的药品注册检验由中检院组织口岸药品检验机构实施。

其他药品的注册检验，由申请人或者生产企业所在地省级药品检验机构承担。

第五十四条 申请人完成支持药品上市的药学相关研究，确定质量标准，并完成商业规模生产工艺验证后，可以在药品注册申请受理前向中检院或者省、自治区、直辖市药品监督管理部门提出药品注册检验；申请人未在药品注册申请受理前提出药品注册检验的，在药品注册申请受理后四十日内由药品审评中心启动药品注册检验。原则上申请人在药品注册申请受理前只能提出一次药品注册检验，不得同时向多个药品检验机构提出药品注册检验。

申请人提交的药品注册检验资料应当与药品注册申报资料的相应内容一致，不得在药品注册检验过程中变更药品检验机构、样品和资料等。

第五十五条 境内生产药品的注册申请，申请人在药品注册申请受理前提出药品注册检验的，向相关省、自治区、直辖市药品监督管理部门申请抽样，省、自治区、直辖市药品监督管理部门组织进行抽样并封签，由申请人将抽样单、样品、检验所需资料及标准物质等送至相应药品检验机构。

境外生产药品的注册申请，申请人在药品注册申请受理前提出药品注册检验的，申请人应当按规定要求抽取样品，并将样品、检验所需资料及标准物质等送至中检院。

第五十六条 境内生产药品的注册申请，药品注册申请受理后需要药品注册检验的，药品审评中心应当在受理后四十日内向药品检验机构和申请人发出药品注册检验通知。申请人向相关省、自治区、直辖市药品监督管理部门申请抽样，省、自治区、直辖市药品监督管理部门组织进行抽样并封签，申请人应当在规定时限内将抽样单、样品、检验所需资料及标准物质等送至相应药品检验机构。

境外生产药品的注册申请，药品注册申请受理后需要药品注册检验的，申请人应当按规定要求抽取样品，并将样品、检验所需资料及标准物质等送至中检院。

第五十七条 药品检验机构应当在五日内对申请人提交的检验用样品及资料等进行审核，作出是否接收的决定，同时告知药品审评中心。需要补正的，应当一次性告知申请人。

药品检验机构原则上应当在审评时限届满四十日前，将标准复核意见和检验报告反馈至药品审评中心。

第五十八条 在药品审评、核查过程中，发现申报资料真实性存疑或者有明确线索举报，或者认为有必要进行样品检验的，可抽取样品进行样品检验。

审评过程中，药品审评中心可以基于风险提出质量标准单项复核。

第四章 药品加快上市注册程序

第一节 突破性治疗药物程序

第五十九条 药物临床试验期间，用于防治严重危及生命或者严重影响生存质量的疾病，且尚无有效防治手段或者与现有治疗手段相比有足够证据表明具有明显临床优势的创新药或者改良型新药等，申请人可以申请适用突破性治疗药物程序。

第六十条 申请适用突破性治疗药物程序的，申请人应当向药品审评中心提出申请。符合条件的，药品审评中心按照程序公示后纳入突破性治疗药物程序。

第六十一条 对纳入突破性治疗药物程序的药物临床试验，给予以下政策支持：

（一）申请人可以在药物临床试验的关键阶段向药品审评中心提出沟通交流申请，药品审评中心安排审评人员进行沟通交流；

（二）申请人可以将阶段性研究资料提交药品审评中心，药品审评中心基于已有研究资料，对下一步研究方案提出意见或者建议，并反馈给申请人。

第六十二条 对纳入突破性治疗药物程序的药物临床试验，申请人发现不再符合纳入条件时，应当及时向药品审评中心提出终止突破性治疗药物程序。药品审评中心发现不再符合纳入条件的，应当及时终止该品种的突破性治疗药物程序，并告知申请人。

第二节 附条件批准程序

第六十三条 药物临床试验期间，符合以下情形的药品，可以申请附条件批准：

（一）治疗严重危及生命且尚无有效治疗手段的疾病的药品，药物临床试验已有数据证实疗效并能预测其临床价值的；

（二）公共卫生方面急需的药品，药物临床试验已有数据显示疗效并能预测其临床价值的；

（三）应对重大突发公共卫生事件急需的疫苗或者国家卫生健康委员会认定急需的其他疫苗，经评估获益大于风险的。

第六十四条 申请附条件批准的，申请人应当就附条件批准上市的条件和上市后继续完成的研究工作等与药品审评中心沟通交流，经沟通交流确认后提出药品上市许可申请。

经审评，符合附条件批准要求的，在药品注册证书中载明附条件批准药品注册证书的有效期、上市后需要继续完成的研究工作及完成时限等相关事项。

第六十五条 审评过程中，发现纳入附条件批准程序的药品注册申请不能满足附条件批准条件的，药品审评中心应当终止该品种附条件批准程序，并告知申请人按照正常程序研究申报。

第六十六条 对附条件批准的药品，持有人应当在药品上市后采取相应的风险管理措施，并在规定期限内按照要求完成药物临床试验等相关研究，以补充申请方式申报。

对批准疫苗注册申请时提出进一步研究要求的，疫苗持有人应当在规定期限内完成研究。

第六十七条 对附条件批准的药品，持有人逾期未按照要求完成研究或者不能证明其获益大于风险的，国家药品监督管理局应当依法处理，直至注销药品注册证书。

第三节 优先审评审批程序

第六十八条 药品上市许可申请时，以下具有明显临床价值的药品，可以申请适用优先审评审批程序：

（一）临床急需的短缺药品、防治重大传染病和罕见病等疾病的创新药和改良型新药；

（二）符合儿童生理特征的儿童用药品新品种、剂型和规格；

（三）疾病预防、控制急需的疫苗和创新疫苗；

（四）纳入突破性治疗药物程序的药品；

（五）符合附条件批准的药品；

（六）国家药品监督管理局规定其他优先审评审批的情形。

第六十九条 申请人在提出药品上市许可申请前，应当与药品审评中心沟通交流，经沟通交流确认后，在提出药品上市许可申请的同时，向药品审评中心提出优先审评审批申请。符合条件的，药品审评中心按照程序公示后纳入优先审评审批程序。

第七十条 对纳入优先审评审批程序的药品上市许可申请，给予以下政策支持：

（一）药品上市许可申请的审评时限为一百三十日；

（二）临床急需的境外已上市境内未上市的罕见病药品，审评时限为七十日；

（三）需要核查、检验和核准药品通用名称的，予以优先安排；

（四）经沟通交流确认后，可以补充提交技术资料。

第七十一条 审评过程中，发现纳入优先审评审批程序的药品注册申请不能满足优先审评审批条件的，药品审评中心应当终止该品种优先审评审批程序，按照正常审评程序审评，并告知申请人。

第四节 特别审批程序

第七十二条 在发生突发公共卫生事件的威胁时以及突发公共卫生事件发生后，国家药品监督管理局可以依法决定对突发公共卫生事件应急所需防治药品实行特别审批。

第七十三条 对实施特别审批的药品注册申请，国家药品监督管理局按照统一指挥、早期介入、快速高效、科学审批的原则，组织加快并同步开展药品注册受理、审评、核查、检验工作。特别审批的情形、程序、时限、要求等按照药品特别审批程序规定执行。

第七十四条 对纳入特别审批程序的药品，可以根据疾病防控的特定需要，限定其在一定期限和范围内使用。

第七十五条 对纳入特别审批程序的药品，发现其不再符合纳入条件的，应当终止该药品的特别审批程序，并告知申请人。

第五章 药品上市后变更和再注册

第一节 药品上市后研究和变更

第七十六条 持有人应当主动开展药品上市后研究，对药品的安全性、有效性和质量可控性进行进一步确证，加强对已上市药品的持续管理。

药品注册证书及附件要求持有人在药品上市后开展相关研究工作的，持有人应当在规定时限内完成并按照要求提出补充申请、备案或者报告。

药品批准上市后，持有人应当持续开展药品安全性和有效性研究，根据有关数据及时备案或者提出修订说明书的补充申请，不断更新完善说明书和标签。药品监督管理部门依职责可以根据药品不良反应监测和药品上市后评价结果等，要求持有人对说明书和标签进行修订。

第七十七条 药品上市后的变更，按照其对药品安全性、有效性和质量可控性的风险和产生影响的程度，实行分类管理，分为审批类变更、备案类变更和报告类变更。

持有人应当按照相关规定，参照相关技术指导原则，全面评估、验证变更事项对药品安全性、有效性和质量可控性的影响，进行相应的研究工作。

药品上市后变更研究的技术指导原则，由药品审评中心制定，并向社会公布。

第七十八条 以下变更，持有人应当以补充申请方式申报，经批准后实施：

（一）药品生产过程中的重大变更；

（二）药品说明书中涉及有效性内容以及增加安全性风险的其他内容的变更；

（三）持有人转让药品上市许可；

（四）国家药品监督管理局规定需要审批的其他变更。

第七十九条 以下变更，持有人应当在变更实施前，报所在地省、自治区、直辖市药品监督管理部门备案：

（一）药品生产过程中的中等变更；

（二）药品包装标签内容的变更；

（三）药品分包装；

（四）国家药品监督管理局规定需要备案的其他变更。

境外生产药品发生上述变更的，应当在变更实施前报药品审评中心备案。

药品分包装备案的程序和要求，由药品审评中心制定发布。

第八十条 以下变更，持有人应当在年度报告中报告：

（一）药品生产过程中的微小变更；

（二）国家药品监督管理局规定需要报告的其他变更。

第八十一条 药品上市后提出的补充申请，需要核查、检验的，参照本办法有关药品注册核查、检验程序进行。

第二节　药品再注册

第八十二条　持有人应当在药品注册证书有效期届满前六个月申请再注册。境内生产药品再注册申请由持有人向其所在地省、自治区、直辖市药品监督管理部门提出，境外生产药品再注册申请由持有人向药品审评中心提出。

第八十三条　药品再注册申请受理后，省、自治区、直辖市药品监督管理部门或者药品审评中心对持有人开展药品上市后评价和不良反应监测情况，按照药品批准证明文件和药品监督管理部门要求开展相关工作情况，以及药品批准证明文件载明信息变化情况等进行审查，符合规定的，予以再注册，发给药品再注册批准通知书。不符合规定的，不予再注册，并报请国家药品监督管理局注销药品注册证书。

第八十四条　有下列情形之一的，不予再注册：

（一）有效期届满未提出再注册申请的；

（二）药品注册证书有效期内持有人不能履行持续考察药品质量、疗效和不良反应责任的；

（三）未在规定时限内完成药品批准证明文件和药品监督管理部门要求的研究工作且无合理理由的；

（四）经上市后评价，属于疗效不确切、不良反应大或者因其他原因危害人体健康的；

（五）法律、行政法规规定的其他不予再注册情形。

对不予再注册的药品，药品注册证书有效期届满时予以注销。

第六章　受理、撤回申请、审批决定和争议解决

第八十五条　药品监督管理部门收到药品注册申请后进行形式审查，并根据下列情况分别作出是否受理的决定：

（一）申请事项依法不需要取得行政许可的，应当即时作出不予受理的决

定，并说明理由。

（二）申请事项依法不属于本部门职权范围的，应当即时作出不予受理的决定，并告知申请人向有关行政机关申请。

（三）申报资料存在可以当场更正的错误的，应当允许申请人当场更正；更正后申请材料齐全、符合法定形式的，应当予以受理。

（四）申报资料不齐全或者不符合法定形式的，应当当场或者在五日内一次告知申请人需要补正的全部内容。按照规定需要在告知时一并退回申请材料的，应当予以退回。申请人应当在三十日内完成补正资料。申请人无正当理由逾期不予补正的，视为放弃申请，无须作出不予受理的决定。逾期未告知申请人补正的，自收到申请材料之日起即为受理。

（五）申请事项属于本部门职权范围，申报资料齐全、符合法定形式，或者申请人按照要求提交全部补正资料的，应当受理药品注册申请。

药品注册申请受理后，需要申请人缴纳费用的，申请人应当按规定缴纳费用。申请人未在规定期限内缴纳费用的，终止药品注册审评审批。

第八十六条 药品注册申请受理后，有药品安全性新发现的，申请人应当及时报告并补充相关资料。

第八十七条 药品注册申请受理后，需要申请人在原申报资料基础上补充新的技术资料的，药品审评中心原则上提出一次补充资料要求，列明全部问题后，以书面方式通知申请人在八十日内补充提交资料。申请人应当一次性按要求提交全部补充资料，补充资料时间不计入药品审评时限。药品审评中心收到申请人全部补充资料后启动审评，审评时限延长三分之一；适用优先审评审批程序的，审评时限延长四分之一。

不需要申请人补充新的技术资料，仅需要申请人对原申报资料进行解释说明的，药品审评中心通知申请人在五日内按照要求提交相关解释说明。

药品审评中心认为存在实质性缺陷无法补正的，不再要求申请人补充资料。基于已有申报资料做出不予批准的决定。

第八十八条 药物临床试验申请、药物临床试验期间的补充申请，在审评期间，不得补充新的技术资料；如需要开展新的研究，申请人可以在撤回后重新提出申请。

第八十九条 药品注册申请受理后，申请人可以提出撤回申请。同意撤回申请的，药品审评中心或者省、自治区、直辖市药品监督管理部门终止其注册程序，并告知药品注册核查、检验等技术机构。审评、核查和检验过程中发现涉嫌存在隐瞒真实情况或者提供虚假信息等违法行为的，依法处理，申请人不得撤回药品注册申请。

第九十条 药品注册期间，对于审评结论为不通过的，药品审评中心应当告知申请人不通过的理由，申请人可以在十五日内向药品审评中心提出异议。药品审评中心结合申请人的异议意见进行综合评估并反馈申请人。

申请人对综合评估结果仍有异议的，药品审评中心应当按照规定，在五十日内组织专家咨询委员会论证，并综合专家论证结果形成最终的审评结论。

申请人异议和专家论证时间不计入审评时限。

第九十一条 药品注册期间，申请人认为工作人员在药品注册受理、审评、核查、检验、审批等工作中违反规定或者有不规范行为的，可以向其所在单位或者上级机关投诉举报。

第九十二条 药品注册申请符合法定要求的，予以批准。

药品注册申请有下列情形之一的，不予批准：

（一）药物临床试验申请的研究资料不足以支持开展药物临床试验或者不能保障受试者安全的；

（二）申报资料显示其申请药品安全性、有效性、质量可控性等存在较大缺陷的；

（三）申报资料不能证明药品安全性、有效性、质量可控性，或者经评估认为药品风险大于获益的；

（四）申请人未能在规定时限内补充资料的；

（五）申请人拒绝接受或者无正当理由未在规定时限内接受药品注册核查、检验的；

（六）药品注册过程中认为申报资料不真实，申请人不能证明其真实性的；

（七）药品注册现场核查或者样品检验结果不符合规定的；

（八）法律法规规定的不应当批准的其他情形。

第九十三条 药品注册申请审批结束后，申请人对行政许可决定有异议的，可以依法提起行政复议或者行政诉讼。

第七章 工作时限

第九十四条 本办法所规定的时限是药品注册的受理、审评、核查、检验、审批等工作的最长时间。优先审评审批程序相关工作时限，按优先审评审批相关规定执行。

药品审评中心等专业技术机构应当明确本单位工作程序和时限，并向社会公布。

第九十五条 药品监督管理部门收到药品注册申请后进行形式审查，应当在五日内作出受理、补正或者不予受理决定。

第九十六条 药品注册审评时限，按照以下规定执行：

（一）药物临床试验申请、药物临床试验期间补充申请的审评审批时限为六十日；

（二）药品上市许可申请审评时限为二百日，其中优先审评审批程序的审评时限为一百三十日，临床急需境外已上市罕见病用药优先审评审批程序的审评时限为七十日；

（三）单独申报仿制境内已上市化学原料药的审评时限为二百日；

（四）审批类变更的补充申请审评时限为六十日，补充申请合并申报事项的，审评时限为八十日，其中涉及临床试验研究数据审查、药品注册核查检验的审评时限为二百日；

（五）药品通用名称核准时限为三十日；

（六）非处方药适宜性审核时限为三十日。

关联审评时限与其关联药品制剂的审评时限一致。

第九十七条 药品注册核查时限，按照以下规定执行：

（一）药品审评中心应当在药品注册申请受理后四十日内通知药品核查中

心启动核查，并同时通知申请人；

（二）药品核查中心原则上在审评时限届满四十日前完成药品注册生产现场核查，并将核查情况、核查结果等相关材料反馈至药品审评中心。

第九十八条 药品注册检验时限，按照以下规定执行：

（一）样品检验时限为六十日，样品检验和标准复核同时进行的时限为九十日；

（二）药品注册检验过程中补充资料时限为三十日；

（三）药品检验机构原则上在审评时限届满四十日前完成药品注册检验相关工作，并将药品标准复核意见和检验报告反馈至药品审评中心。

第九十九条 药品再注册审查审批时限为一百二十日。

第一百条 行政审批决定应当在二十日内作出。

第一百零一条 药品监督管理部门应当自作出药品注册审批决定之日起十日内颁发、送达有关行政许可证件。

第一百零二条 因品种特性及审评、核查、检验等工作遇到特殊情况确需延长时限的，延长的时限不得超过原时限的二分之一，经药品审评、核查、检验等相关技术机构负责人批准后，由延长时限的技术机构书面告知申请人，并通知其他相关技术机构。

第一百零三条 以下时间不计入相关工作时限：

（一）申请人补充资料、核查后整改以及按要求核对生产工艺、质量标准和说明书等所占用的时间；

（二）因申请人原因延迟核查、检验、召开专家咨询会等的时间；

（三）根据法律法规的规定中止审评审批程序的，中止审评审批程序期间所占用的时间；

（四）启动境外核查的，境外核查所占用的时间。

第八章 监督管理

第一百零四条 国家药品监督管理局负责对药品审评中心等相关专业技

术机构及省、自治区、直辖市药品监督管理部门承担药品注册管理相关工作的监督管理、考核评价与指导。

第一百零五条 药品监督管理部门应当依照法律、法规的规定对药品研制活动进行监督检查，必要时可以对为药品研制提供产品或者服务的单位和个人进行延伸检查，有关单位和个人应当予以配合，不得拒绝和隐瞒。

第一百零六条 信息中心负责建立药品品种档案，对药品实行编码管理，汇集药品注册申报、临床试验期间安全性相关报告、审评、核查、检验、审批以及药品上市后变更的审批、备案、报告等信息，并持续更新。药品品种档案和编码管理的相关制度，由信息中心制定公布。

第一百零七条 省、自治区、直辖市药品监督管理部门应当组织对辖区内药物非临床安全性评价研究机构、药物临床试验机构等遵守药物非临床研究质量管理规范、药物临床试验质量管理规范等情况进行日常监督检查，监督其持续符合法定要求。国家药品监督管理局根据需要进行药物非临床安全性评价研究机构、药物临床试验机构等研究机构的监督检查。

第一百零八条 国家药品监督管理局建立药品安全信用管理制度，药品核查中心负责建立药物非临床安全性评价研究机构、药物临床试验机构药品安全信用档案，记录许可颁发、日常监督检查结果、违法行为查处等情况，依法向社会公布并及时更新。药品监督管理部门对有不良信用记录的，增加监督检查频次，并可以按照国家规定实施联合惩戒。药物非临床安全性评价研究机构、药物临床试验机构药品安全信用档案的相关制度，由药品核查中心制定公布。

第一百零九条 国家药品监督管理局依法向社会公布药品注册审批事项清单及法律依据、审批要求和办理时限，向申请人公开药品注册进度，向社会公开批准上市药品的审评结论和依据以及监督检查发现的违法违规行为，接受社会监督。

批准上市药品的说明书应当向社会公开并及时更新。其中，疫苗还应当公开标签内容并及时更新。

未经申请人同意，药品监督管理部门、专业技术机构及其工作人员、参与专家评审等的人员不得披露申请人提交的商业秘密、未披露信息或者保密商务信息，法律另有规定或者涉及国家安全、重大社会公共利益的除外。

第一百一十条 具有下列情形之一的，由国家药品监督管理局注销药品注册证书，并予以公布：

（一）持有人自行提出注销药品注册证书的；

（二）按照本办法规定不予再注册的；

（三）持有人药品注册证书、药品生产许可证等行政许可被依法吊销或者撤销的；

（四）按照《药品管理法》第八十三条的规定，疗效不确切、不良反应大或者因其他原因危害人体健康的；

（五）按照《疫苗管理法》第六十一条的规定，经上市后评价，预防接种异常反应严重或者其他原因危害人体健康的；

（六）按照《疫苗管理法》第六十二条的规定，经上市后评价发现该疫苗品种的产品设计、生产工艺、安全性、有效性或者质量可控性明显劣于预防、控制同种疾病的其他疫苗品种的；

（七）违反法律、行政法规规定，未按照药品批准证明文件要求或者药品监督管理部门要求在规定时限内完成相应研究工作且无合理理由的；

（八）其他依法应当注销药品注册证书的情形。

第九章 法律责任

第一百一十一条 在药品注册过程中，提供虚假的证明、数据、资料、样品或者采取其他手段骗取临床试验许可或者药品注册等许可的，按照《药品管理法》第一百二十三条处理。

第一百一十二条 申请疫苗临床试验、注册提供虚假数据、资料、样品或者有其他欺骗行为的，按照《疫苗管理法》第八十一条进行处理。

第一百一十三条 在药品注册过程中，药物非临床安全性评价研究机构、药物临床试验机构等，未按照规定遵守药物非临床研究质量管理规范、药物临床试验质量管理规范等的，按照《药品管理法》第一百二十六条处理。

第一百一十四条 未经批准开展药物临床试验的，按照《药品管理法》第一百二十五条处理；开展生物等效性试验未备案的，按照《药品管理法》第一百二十七条处理。

第一百一十五条 药物临床试验期间，发现存在安全性问题或者其他风险，临床试验申办者未及时调整临床试验方案、暂停或者终止临床试验，或者未向国家药品监督管理局报告的，按照《药品管理法》第一百二十七条处理。

第一百一十六条 违反本办法第二十八条、第三十三条规定，申办者有下列情形之一的，责令限期改正；逾期不改正的，处一万元以上三万元以下罚款：

（一）开展药物临床试验前未按规定在药物临床试验登记与信息公示平台进行登记；

（二）未按规定提交研发期间安全性更新报告；

（三）药物临床试验结束后未登记临床试验结果等信息。

第一百一十七条 药品检验机构在承担药品注册所需要的检验工作时，出具虚假检验报告的，按照《药品管理法》第一百三十八条处理。

第一百一十八条 对不符合条件而批准进行药物临床试验、不符合条件的药品颁发药品注册证书的，按照《药品管理法》第一百四十七条处理。

第一百一十九条 药品监督管理部门及其工作人员在药品注册管理过程中有违法违规行为的，按照相关法律法规处理。

第十章　附　则

第一百二十条 麻醉药品、精神药品、医疗用毒性药品、放射性药品、药品类易制毒化学品等有其他特殊管理规定药品的注册申请，除按照本办法的规定办理外，还应当符合国家的其他有关规定。

第一百二十一条 出口疫苗的标准应当符合进口国（地区）的标准或者合同要求。

第一百二十二条 拟申报注册的药械组合产品，已有同类产品经属性界定为药品的，按照药品进行申报；尚未经属性界定的，申请人应当在申报注册前向国家药品监督管理局申请产品属性界定。属性界定为药品为主的，按照本办法规定的程序进行注册，其中属于医疗器械部分的研究资料由国家药品监督管理局医疗器械技术审评中心作出审评结论后，转交药品审评中心进行综合审评。

第一百二十三条 境内生产药品批准文号格式为：国药准字H（Z、S）＋四位年号＋四位顺序号。中国香港、澳门和台湾地区生产药品批准文号格式为：国药准字H（Z、S）C＋四位年号＋四位顺序号。

境外生产药品批准文号格式为：国药准字H（Z、S）J＋四位年号＋四位顺序号。

其中，H代表化学药，Z代表中药，S代表生物制品。

药品批准文号，不因上市后的注册事项的变更而改变。

中药另有规定的从其规定。

第一百二十四条 药品监督管理部门制作的药品注册批准证明电子文件及原料药批准文件电子文件与纸质文件具有同等法律效力。

第一百二十五条 本办法规定的期限以工作日计算。

第一百二十六条 本办法自2020年7月1日起施行。2007年7月10日原国家食品药品监督管理局令第28号公布的《药品注册管理办法》同时废止。

1.2 中药注册分类及申报资料要求

（国家药监局2020年第68号通告附件）

国家药监局关于发布《中药注册分类及申报资料要求》的通告

（2020年第68号）

为贯彻落实《药品管理法》《中医药法》，配合《药品注册管理办法》（国家市场监督管理总局令第27号）实施，国家药品监督管理局组织制定了《中药注册分类及申报资料要求》，现予发布，并说明如下。

一、中药注册按照中药创新药、中药改良型新药、古代经典名方中药复方制剂、同名同方药等进行分类，前三类均属于中药新药。中药注册分类不代表药物研制水平及药物疗效的高低，仅表明不同注册分类的注册申报资料要求不同。

二、为加强对古典医籍精华的梳理和挖掘，改革完善中药审评审批机制，促进中药新药研发和产业发展，将中药注册分类中的第三类古代经典名方中药复方制剂细分为“3.1按古代经典名方目录管理的中药复方制剂（以下简称3.1类）”及“3.2其他来源于古代经典名方的中药复方制剂（以下简称3.2类）”。3.2类包括未按古代经典名方目录管理的古代经典名方中药复方制剂和基于古代经典名方加减化裁的中药复方制剂。

三、古代经典名方中药复方制剂两类情形均应采用传统工艺制备，采用传统给药途径，功能主治以中医术语表述。对适用范围不做限定。药品批准文号采用专门格式：国药准字C+四位年号+四位顺序号。

四、3.1 类的研制，应进行药学及非临床安全性研究；3.2 类的研制，除进行药学及非临床安全性研究外，还应对中药人用经验进行系统总结，并对药物临床价值进行评估。

注册申请人（以下简称申请人）在完成上述研究后一次性直接提出古代经典名方中药复方制剂的上市许可申请。对于 3.1 类，我局不再审核发布“经典名方物质基准”统一标准。

国家药品监督管理局药品审评中心按照《药品注册管理办法》规定的药品上市许可审评程序组织专家进行技术审评。

五、关于中药注册分类，已自 2020 年 7 月 1 日起实施。已受理中药注册申请需调整注册分类的，申请人可提出撤回申请，按新的注册分类及申报资料要求重新申报，不再另收相关费用。

六、关于中药注册申报资料，在 2020 年 12 月 31 日前，申请人可按新要求提交申报资料；也可先按原要求提交申报资料。自 2021 年 1 月 1 日起，一律按新要求提交申报资料。

七、此前有关规定与本通告要求不一致的，以本通告为准。

特此通告。

附件：中药注册分类及申报资料要求

国家药监局

2020年9月27日

中药注册分类及申报资料要求

一、中药注册分类

中药是指在我国中医药理论指导下使用的药用物质及其制剂。

1. 中药创新药。指处方未在国家药品标准、药品注册标准及国家中医药主管部门发布的《古代经典名方目录》中收载，具有临床价值，且未在境外上市的中药新处方制剂。一般包含以下情形：

1.1 中药复方制剂，系指由多味饮片、提取物等在中医药理论指导下组方而成的制剂。

1.2 从单一植物、动物、矿物等物质中提取得到的提取物及其制剂。

1.3 新药材及其制剂，即未被国家药品标准、药品注册标准以及省、自治区、直辖市药材标准收载的药材及其制剂，以及具有上述标准药材的原动、植物新的药用部位及其制剂。

2. 中药改良型新药。指改变已上市中药的给药途径、剂型，且具有临床应用优势和特点，或增加功能主治等的制剂。一般包含以下情形：

2.1 改变已上市中药给药途径的制剂，即不同给药途径或不同吸收部位之间相互改变的制剂。

2.2 改变已上市中药剂型的制剂，即在给药途径不变的情况下改变剂型的制剂。

2.3 中药增加功能主治。

2.4 已上市中药生产工艺或辅料等改变引起药用物质基础或药物吸收、利用明显改变的。

3. 古代经典名方中药复方制剂。古代经典名方是指符合《中华人民共和国中医药法》规定的，至今仍广泛应用、疗效确切、具有明显特色与优势的古代中医典籍所记载的方剂。古代经典名方中药复方制剂是指来源于古代经典名方的中药复方制剂。包含以下情形：

3.1 按古代经典名方目录管理的中药复方制剂。

3.2 其他来源于古代经典名方的中药复方制剂。包括未按古代经典名方目录管理的古代经典名方中药复方制剂和基于古代经典名方加减化裁的中药复方制剂。

4. 同名同方药。指通用名称、处方、剂型、功能主治、用法及日用饮片量与已上市中药相同，且在安全性、有效性、质量可控性方面不低于该已上市中药的制剂。

天然药物是指在现代医药理论指导下使用的天然药用物质及其制剂。天然药物参照中药注册分类。

其他情形，主要指境外已上市境内未上市的中药、天然药物制剂。

二、中药注册申报资料要求

本申报资料项目及要求适用于中药创新药、改良型新药、古代经典名方中药复方制剂以及同名同方药。申请人需要基于不同注册分类、不同申报阶段以及中药注册受理审查指南的要求提供相应资料。申报资料应按照项目编号提供，对应项目无相关信息或研究资料，项目编号和名称也应保留，可在项下注明“无相关研究内容”或“不适用”。如果申请人要求减免资料，应当充分说明理由。申报资料的撰写还应参考相关法规、技术要求及技术指导原则的相关规定。境外生产药品提供的境外药品管理机构证明文件及全部技术资料应当是中文翻译文本并附原文。

天然药物制剂申报资料项目按照本文件要求，技术要求按照天然药物研究技术要求。天然药物的用途以适应证表述。

境外已上市境内未上市的中药、天然药物制剂参照中药创新药提供相关研究资料。

（一）行政文件和药品信息

1.0 说明函（详见附：说明函）

主要对于本次申请关键信息的概括与说明。

1.1 目录

按照不同章节分别提交申报资料目录。

1.2 申请表

主要包括产品名称、剂型、规格、注册类别、申请事项等产品基本信息。

1.3 产品信息相关材料

1.3.1 说明书

1.3.1.1 研究药物说明书及修订说明（适用于临床试验申请）

1.3.1.2 上市药品说明书及修订说明（适用于上市许可申请）

应按照有关规定起草药品说明书样稿，撰写说明书各项内容的起草说明，并提供有关安全性和有效性等方面的最新文献。

境外已上市药品尚需提供境外上市国家或地区药品管理机构核准的原文说明书，并附中文译文。

1.3.2 包装标签

1.3.2.1 研究药物包装标签（适用于临床试验申请）

1.3.2.2 上市药品包装标签（适用于上市许可申请）

境外已上市药品尚需提供境外上市国家或地区使用的包装标签实样。

1.3.3 产品质量标准和生产工艺

产品质量标准参照《中国药典》格式和内容撰写。

生产工艺资料（适用于上市许可申请）参照相关格式和内容撰写要求撰写。

1.3.4 古代经典名方关键信息

古代经典名方中药复方制剂应提供古代经典名方的处方、药材基原、药用部位、炮制方法、剂量、用法用量、功能主治等关键信息。按古代经典名方目录管理的中药复方制剂应与国家发布的相关信息一致。

1.3.5 药品通用名称核准申请材料

未列入国家药品标准或者药品注册标准的，申请上市许可时应提交药品通用名称核准申请材料。

1.3.6 检查相关信息（适用于上市许可申请）

包括药品研制情况信息表、药品生产情况信息表、现场主文件清单、药品注册临床试验研究信息表、临床试验信息表以及检验报告。

1.3.7 产品相关证明性文件

1.3.7.1 药材 / 饮片、提取物等处方药味，药用辅料及药包材证明文件

药材 / 饮片、提取物等处方药味来源证明文件。

药用辅料及药包材合法来源证明文件，包括供货协议、发票等（适用于制剂未选用已登记原辅包情形）。

药用辅料及药包材的授权使用书（适用于制剂选用已登记原辅包情形）。

1.3.7.2 专利信息及证明文件

申请的药物或者使用的处方、工艺、用途等专利情况及其权属状态说明，以及对他人的专利不构成侵权的声明，并提供相关证明性资料和文件。

1.3.7.3 特殊药品研制立项批准文件

麻醉药品和精神药品需提供研制立项批复文件复印件。

1.3.7.4 对照药来源证明文件

1.3.7.5 药物临床试验相关证明文件（适用于上市许可申请）

《药物临床试验批件》/临床试验通知书、临床试验用药质量标准及临床试验登记号（内部核查）。

1.3.7.6 研究机构资质证明文件

非临床研究安全性评价机构应提供药品监督管理部门出具的符合《药物非临床研究质量管理规范》（简称 GLP）的批准证明或检查报告等证明性文件。临床研究机构应提供备案证明。

1.3.7.7 允许药品上市销售证明文件（适用于境外已上市的药品）

境外药品管理机构出具的允许药品上市销售证明文件、公证认证文书及中文译文。出口国或地区物种主管当局同意出口的证明。

1.3.8 其他产品信息相关材料

1.4 申请状态（如适用）

1.4.1 既往批准情况

提供该品种相关的历次申请情况说明及批准/未批准证明文件（内部核查）。

1.4.2 申请调整临床试验方案、暂停或者终止临床试验

1.4.3 暂停后申请恢复临床试验

1.4.4 终止后重新申请临床试验

1.4.5 申请撤回尚未批准的药物临床试验申请、上市注册许可申请

1.4.6 申请上市注册审评期间变更仅包括申请人更名、变更注册地址名称等不涉及技术审评内容的变更

1.4.7 申请注销药品注册证书

1.5 加快上市注册程序申请（如适用）

1.5.1 加快上市注册程序申请

包括突破性治疗药物程序、附条件批准程序、优先审评审批程序及特别审批程序

1.5.2 加快上市注册程序终止申请

1.5.3 其他加快注册程序申请

1.6 沟通交流会议（如适用）

1.6.1 会议申请

1.6.2 会议背景资料

1.6.3 会议相关信函、会议纪要以及答复

1.7 临床试验过程管理信息（如适用）

1.7.1 临床试验期间增加功能主治

1.7.2 临床试验方案变更、非临床或者药学的变化或者新发现等可能增加受试者安全性风险的

1.7.3 要求申办者调整临床试验方案、暂停或终止药物临床试验

1.8 药物警戒与风险管理（如适用）

1.8.1 研发期间安全性更新报告及附件

1.8.1.1 研发期间安全性更新报告

1.8.1.2 严重不良反应累计汇总表

1.8.1.3 报告周期内境内死亡受试者列表

1.8.1.4 报告周期内境内因任何不良事件而退出临床试验的受试者列表

1.8.1.5 报告周期内发生的药物临床试验方案变更或者临床方面的新发现、非临床或者药学的变化或者新发现总结表

1.8.1.6 下一报告周期内总体研究计划概要

1.8.2 其他潜在的严重安全性风险信息

1.8.3 风险管理计划

包括药物警戒活动计划和风险最小化措施等。

1.9 上市后研究（如适用）

包括Ⅳ期和有特定研究目的的研究等。

1.10 申请人 / 生产企业证明性文件

1.10.1 境内生产药品申请人 / 生产企业资质证明文件

申请人 / 生产企业机构合法登记证明文件（营业执照等）。申请上市许可时，申请人和生产企业应当已取得相应的《药品生产许可证》及变更记录页（内部核查）。

申请临床试验的，应提供临床试验用药物在符合药品生产质量管理规范的条件下制备的情况说明。

1.10.2 境外生产药品申请人 / 生产企业资质证明文件

生产厂和包装厂符合药品生产质量管理规范的证明文件、公证认证文书及中文译文。

申请临床试验的，应提供临床试验用药物在符合药品生产质量管理规范的条件下制备的情况说明。

1.10.3 注册代理机构证明文件

境外申请人指定中国境内的企业法人办理相关药品注册事项的，应当提供委托文书、公证文书及其中文译文，以及注册代理机构的营业执照复印件。

1.11 小微企业证明文件（如适用）

说明：（1）标注“如适用”的文件是申请人按照所申报药品特点、所申报的申请事项并结合药品全生命周期管理要求选择适用的文件提交。（2）标注“内部核查”的文件是指监管部门需要审核的文件，不强制申请人提交。（3）境外生产的药品所提交的境外药品监督管理机构或地区出具的证明文件（包括允许药品上市销售证明文件、GMP 证明文件以及允许药品变更证明文件等）符合世界卫生组织推荐的统一格式原件的，可不经所在国公证机构公证及驻所在国中国使领馆认证。

附：说明函

关于XX公司申报的XX产品的XX申请

1. 简要说明

包括但不限于：产品名称（拟定）、功能主治、用法用量、剂型、规格。

2. 背景信息

简要说明该产品注册分类及依据、申请事项及相关支持性研究。

加快上市注册程序申请（包括突破性治疗药物程序、附条件批准程序、优先审评审批程序及特别审批程序等）及其依据（如适用）。

附加申请事项，如减免临床、非处方药或儿童用药等（如适用）。

3. 其他重要需特别说明的相关信息

（二）概要

2.1 品种概况

简述药品名称和注册分类，申请阶段。

简述处方、辅料、制成总量、规格、申请的功能主治、拟定用法用量（包括剂量和持续用药时间信息），人日用量（需明确制剂量、饮片量）。

简述立题依据、处方来源、人用经验等。改良型新药应提供原制剂的相关信息（如上市许可持有人、药品批准文号、执行标准等），简述与原制剂在处方、工艺以及质量标准等方面的异同。同名同方药应提供同名同方的已上市中药的相关信息（如上市许可持有人、药品批准文号、执行标准等）以及选择依据，简述与同名同方的已上市中药在处方、工艺以及质量控制等方面的对比情况，并说明是否一致。

申请临床试验时，应简要介绍申请临床试验前沟通交流情况。

申请上市许可时，应简要介绍与国家药品监督管理局药品审评中心的沟通交流情况；说明临床试验批件/临床试验通知书情况，并简述临床试验批件/临床试验通知书中要求完成的研究内容及相关工作完成情况；临床试验期间发生改变的，应说明改变的情况，是否按照有关法规要求进行了申报及批准情况。

申请古代经典名方中药复方制剂，应简述古代经典名方的处方、药材基原、药用部位、炮制方法、剂量、用法用量、功能主治等关键信息。按古代经典名方目录管理的中药复方制剂，应说明与国家发布信息的一致性。

2.2 药学研究资料总结报告

药学研究资料总结报告是申请人对所进行的药学研究结果的总结、分析与评价，各项内容和数据应与相应的药学研究资料保持一致，并基于不同申报阶段撰写相应的药学研究资料总结报告。

2.2.1 药学主要研究结果总结

（1）临床试验期间补充完善的药学研究（适用于上市许可申请）

简述临床试验期间补充完善的药学研究情况及结果。

（2）处方药味及药材资源评估

说明处方药味质量标准出处。简述处方药味新建立的质量控制方法及限度。未被国家药品标准、药品注册标准以及省、自治区、直辖市药材标准收载的处方药味，应说明是否按照相关技术要求进行了研究或申报，简述结果。

简述药材资源评估情况。

（3）饮片炮制

简述饮片炮制方法。申请上市许可时，应明确药物研发各阶段饮片炮制方法的一致性。若有改变，应说明相关情况。

（4）生产工艺

简述处方和制法。若为改良型新药或同名同方药，还需简述工艺的变化情况。

简述剂型选择及规格确定的依据。

简述制备工艺路线、工艺参数及确定依据。说明是否建立了中间体的相关质量控制方法，简述检测结果。

申请临床试验时，应简述中试研究结果和质量检测结果，评价工艺的合理性，分析工艺的可行性。申请上市许可时，应简述放大生产样品及商业化生产的批次、规模、质量检测结果等，说明工艺是否稳定、可行。

说明辅料执行标准情况。申请上市许可时，还应说明辅料与药品关联审评审批情况。

（5）质量标准

简述质量标准的主要内容及其制定依据、对照品来源、样品的自检结果。

申请上市许可时，简述质量标准变化情况。

（6）稳定性研究

简述稳定性考察条件及结果，评价样品的稳定性，拟定有效期及贮藏条件。

明确直接接触药品的包装材料和容器及其执行标准情况。申请上市许可时，还应说明包装材料与药品关联审评审批情况。

2.2.2 药学研究结果分析与评价

对处方药味研究、药材资源评估、剂型选择、工艺研究、质量控制研究、稳定性考察的结果进行总结，综合分析、评价产品质量控制情况。申请临床试验时，应结合临床应用背景、药理毒理研究结果及相关文献等，分析药学研究结果与药品的安全性、有效性之间的相关性，评价工艺合理性、质量可控性，初步判断稳定性。申请上市许可时，应结合临床试验结果等，分析药学研究结果与药品的安全性、有效性之间的相关性，评价工艺可行性、质量可控性和药品稳定性。

按古代经典名方目录管理的中药复方制剂应说明药材、饮片、按照国家发布的古代经典名方关键信息及古籍记载制备的样品、中间体、制剂之间质量的相关性。

2.2.3 参考文献

提供有关的参考文献，必要时应提供全文。

2.3 药理毒理研究资料总结报告

药理毒理研究资料总结报告应是对药理学、药代动力学、毒理学研究的综合性和关键性评价。应对药理毒理试验策略进行讨论并说明理由。应说明所提交试验的 GLP 依从性。

对于申请临床试验的药物，需综合现有药理毒理研究资料，分析说明是否支持所申请进行的临床试验。在临床试验过程中，若为支持相应临床试验阶段或开发进程进行了药理毒理研究，需及时更新药理毒理研究资料，提供相关研究试验报告。临床试验期间若进行了变更（如工艺变更），需根据变更情况确定所需要进行的药理毒理研究，并提供相关试验报告。对于申请上市许可的药物，需说明临床试验期间进行的药理毒理研究，并综合分析现有药理毒理研究资料是否支持本品上市申请。

撰写按照以下顺序：药理毒理试验策略概述、药理学研究总结、药代动力学研究总结、毒理学研究总结、综合评估和结论、参考文献。

对于申请上市许可的药物，说明书样稿中【药理毒理】项应根据所进行的药理毒理研究资料进行撰写，并提供撰写说明及支持依据。

2.3.1 药理毒理试验策略概述

结合申请类别、处方来源或人用经验资料、所申请的功能主治等，介绍药理毒理试验的研究思路及策略。

2.3.2 药理学研究总结

简要概括药理学研究内容。按以下顺序进行撰写：概要、主要药效学、次要药效学、安全药理学、药效学药物相互作用、讨论和结论，并附列表总结。

应对主要药效学试验进行总结和评价。如果进行了次要药效学研究，应按照器官系统 / 试验类型进行总结并评价。应对安全药理学试验进行总结和评价。如果进行了药效学药物相互作用研究，则在此部分进行简要总结。

2.3.3 药代动力学研究总结

简要概括药代动力学研究内容，按以下顺序进行撰写：概要、分析方法、吸收、分布、代谢、排泄、药代动力学药物相互作用、其他药代动力学试验、讨论和结论，并附列表总结。

2.3.4 毒理学研究总结

简要概括毒理学试验结果，并说明试验的 GLP 依从性，说明毒理学试验受试物情况。

按以下顺序进行撰写：概要、单次给药毒性试验、重复给药毒性试验、遗传毒性试验、致癌性试验、生殖毒性试验、制剂安全性试验（刺激性、溶血性、过敏性试验等）、其他毒性试验、讨论和结论，并附列表总结。

2.3.5 综合分析与评价

对药理学、药代动力学、毒理学研究进行综合分析与评价。

分析主要药效学试验的量效关系（如起效剂量、有效剂量范围等）及时效关系（如起效时间、药效持续时间或最佳作用时间等），并对药理作用特点及其与拟定功能主治的相关性和支持程度进行综合评价。

安全药理学试验属于非临床安全性评价的一部分，可结合毒理学部分的毒理学试验结果进行综合评价。

综合各项药代动力学试验，分析其吸收、分布、代谢、排泄、药物相互作用特征。包括受试物和/或其活性代谢物的药代动力学特征，如吸收程度和速率、动力学参数、分布的主要组织、与血浆蛋白的结合程度、代谢产物和可能的代谢途径、排泄途径和程度等。需关注药代研究结果是否支持毒理学试验动物种属的选择。分析各项毒理学试验结果，综合分析及评价各项试验结果之间的相关性，种属和性别之间的差异性等。

分析药理学、药代动力学与毒理学结果之间的相关性。

结合药学、临床资料进行综合分析与评价。

2.3.6 参考文献

提供有关的参考文献，必要时应提供全文。

2.4 临床研究资料总结报告

2.4.1 中医药理论或研究背景

根据注册分类提供相应的简要中医药理论或研究背景。如为古代经典名方中药复方制剂的，还应简要说明处方来源、功能主治、用法用量等关键信息及其依据等。

2.4.2 人用经验

如有人用经验的，需提供简要人用经验概述，并分析说明人用经验对于拟定功能主治或后续所需开展临床试验的支持情况。

2.4.3 临床试验资料综述

可参照《中药、天然药物综述资料撰写的格式和内容的技术指导原则——临床试验资料综述》的相关要求撰写。

2.4.4 临床价值评估

基于风险获益评估，结合注册分类，对临床价值进行简要评估。

2.4.5 参考文献

提供有关的参考文献，必要时应提供全文。

2.5 综合分析与评价

根据研究结果，结合立题依据，对安全性、有效性、质量可控性及研究工作的科学性、规范性和完整性进行综合分析与评价。

申请临床试验时，应根据研究结果评估申报品种对拟选适应病症的有效性和临床应用的安全性，综合分析研究结果之间的相互关联，权衡临床试验的风险 / 获益情况，为是否或如何进行临床试验提供支持和依据。

申请上市许可时，应在完整地了解药品研究结果的基础上，对所选适用人群的获益情况及临床应用后可能存在的问题或风险作出综合评估。

（三）药学研究资料

申请人应基于不同申报阶段的要求提供相应药学研究资料。相应技术要求见相关中药药学研究技术指导原则。

3.1 处方药味及药材资源评估

3.1.1 处方药味

中药处方药味包括饮片、提取物等。

3.1.1.1 处方药味的相关信息

提供处方中各药味的来源（包括生产商 / 供货商等）、执行标准以及相关证明性信息。

饮片：应提供药材的基原（包括科名、中文名、拉丁学名）、药用部位（矿物药注明类、族、矿石名或岩石名、主要成分）、药材产地、采收期、饮片炮制方法、药材是否种植养殖（人工生产）或来源于野生资源等信息。对于药材基原易混淆品种，需提供药材基原鉴定报告。多基原的药材除必须符合质量标准的要求外，必须固定基原，并提供基原选用的依据。药材应固定产地。涉及濒危物种的药材应符合国家的有关规定，应保证可持续利用，并特别注意来源的合法性。

按古代经典名方目录管理的中药复方制剂所用饮片的药材基原、药用部位、炮制方法等应与国家发布的古代经典名方关键信息一致。应提供产地选择的依据，尽可能选择道地药材和 / 或主产区的药材。

提取物：外购提取物应提供其相关批准（备案）情况、制备方法及生产商 / 供应商等信息。自制提取物应提供所用饮片的相关信息，提供详细制备工艺及其工艺研究资料（具体要求同“3.3 制备工艺”部分）。

3.1.1.2 处方药味的质量研究

提供处方药味的检验报告。

自拟质量标准或在原质量标准基础上进行完善的，应提供相关研究资料（相关要求参照“3.4 制剂质量与质量标准研究”），提供质量标准草案及起草说明、药品标准物质及有关资料等。

按古代经典名方目录管理的中药复方制剂还应提供多批药材 / 饮片的质量研究资料。

3.1.1.3 药材生态环境、形态描述、生长特征、种植养殖（人工生产）技术等

申报新药材的需提供。

3.1.1.4 植物、动物、矿物标本，植物标本应当包括全部器官，如花、果实、种子等

申报新药材的需提供。

3.1.2 药材资源评估

药材资源评估内容及其评估结论的有关要求见相关技术指导原则。

3.1.3 参考文献

提供有关的参考文献，必要时应提供全文。

3.2 饮片炮制

3.2.1 饮片炮制方法

明确饮片炮制方法，提供饮片炮制加工依据及详细工艺参数。按古代经典名方目录管理的中药复方制剂所用饮片的炮制方法应与国家发布的古代经典名方关键信息一致。

申请上市许可时，应说明药物研发各阶段饮片炮制方法的一致性，必要时提供相关研究资料。

3.2.2 参考文献

提供有关的参考文献，必要时应提供全文。

3.3 制备工艺

3.3.1 处方

提供 1000 个制剂单位的处方组成。

3.3.2 制法

3.3.2.1 制备工艺流程图

按照制备工艺步骤提供完整、直观、简洁的工艺流程图，应涵盖所有的工艺步骤，标明主要工艺参数和所用提取溶剂等。

3.3.2.2 详细描述制备方法

对工艺过程进行规范描述（包括包装步骤），明确操作流程、工艺参数和范围。

3.3.3 剂型及原辅料情况

药味及辅料	用量	作用	执行标准
制剂工艺中使用到并最终去除的溶剂			

（1）说明具体的剂型和规格。以表格的方式列出单位剂量产品的处方组成，列明各药味（如饮片、提取物）及辅料在处方中的作用，执行的标准。对于制剂工艺中使用到但最终去除的溶剂也应列出。

（2）说明产品所使用的包装材料及容器。

3.3.4 制备工艺研究资料

3.3.4.1 制备工艺路线筛选

提供制备工艺路线筛选研究资料，说明制备工艺路线选择的合理性。处方来源于医院制剂、临床验方或具有人用经验的，应详细说明在临床应用时的具体使用情况（如工艺、剂型、用量、规格等）。

改良型新药还应说明与原制剂生产工艺的异同及参数的变化情况。

按古代经典名方目录管理的中药复方制剂应提供按照国家发布的古代经

典名方关键信息及古籍记载进行研究的工艺资料。

同名同方药还应说明与同名同方的已上市中药生产工艺的对比情况，并说明是否一致。

3.3.4.2 剂型选择

提供剂型选择依据。

按古代经典名方目录管理的中药复方制剂应提供剂型（汤剂可制成颗粒剂）与古籍记载一致性的说明资料。

3.3.4.3 处方药味前处理工艺

提供处方药味的前处理工艺及具体工艺参数。申请上市许可时，还应明确关键工艺参数控制点。

3.3.4.4 提取、纯化工艺研究

描述提取纯化工艺流程、主要工艺参数及范围等。

提供提取纯化工艺方法、主要工艺参数的确定依据。生产工艺参数范围的确定应有相关研究数据支持。申请上市许可时，还应明确关键工艺参数控制点。

3.3.4.5 浓缩工艺

描述浓缩工艺方法、主要工艺参数及范围、生产设备等。

提供浓缩工艺方法、主要工艺参数的确定依据。生产工艺参数范围的确定应有相关研究数据支持。申请上市许可时，还应明确关键工艺参数控制点。

3.3.4.6 干燥工艺

描述干燥工艺方法、主要工艺参数及范围、生产设备等。

提供干燥工艺方法以及主要工艺参数的确定依据。生产工艺参数范围的确定应有相关研究数据支持。申请上市许可时，还应明确关键工艺参数控制点。

3.3.4.7 制剂成型工艺

描述制剂成型工艺流程、主要工艺参数及范围等。

提供中间体、辅料研究以及制剂处方筛选研究资料，明确所用辅料的种类、级别、用量等。

提供成型工艺方法、主要工艺参数的确定依据。生产工艺参数范围的确定应有相关研究数据支持。对与制剂性能相关的理化性质进行分析。申请上市许可时，还应明确关键工艺参数控制点。

3.3.5 中试和生产工艺验证

3.3.5.1 样品生产企业信息

申请临床试验时，根据实际情况填写。如不适用，可不填。

申请上市许可时，需提供样品生产企业的名称、生产场所的地址等。提供样品生产企业合法登记证明文件、《药品生产许可证》复印件。

3.3.5.2 批处方

以表格的方式列出（申请临床试验时，以中试放大规模；申请上市许可时，以商业规模）产品的批处方组成，列明各药味（如饮片、提取物）及辅料执行的标准，对于制剂工艺中使用到但最终去除的溶剂也应列出。

药味及辅料	用量	执行标准
制剂工艺中使用到并最终去除的溶剂		

3.3.5.3 工艺描述

按单元操作过程描述（申请临床试验时，以中试批次；申请上市许可时，以商业规模生产工艺验证批次）样品的工艺（包括包装步骤），明确操作流程、工艺参数和范围。

3.3.5.4 辅料、生产过程中所用材料

提供所用辅料、生产过程中所用材料的级别、生产商 / 供应商、执行的标准以及相关证明文件等。如对辅料建立了内控标准，应提供。提供辅料、生产过程中所用材料的检验报告。

如所用辅料需要精制的，提供精制工艺研究资料、内控标准及其起草说明。

申请上市许可时，应说明辅料与药品关联审评审批情况。

3.3.5.5 主要生产设备

提供中试（适用临床试验申请）或工艺验证（适用上市许可申请）过程中所用主要生产设备的信息。申请上市许可时，需关注生产设备的选择应符

合生产工艺的要求。

3.3.5.6 关键步骤和中间体的控制

列出所有关键步骤及其工艺参数控制范围。提供研究结果支持关键步骤确定的合理性以及工艺参数控制范围的合理性。申请上市许可时，还应明确关键工艺参数控制点。

列出中间体的质量控制标准，包括项目、方法和限度，必要时提供方法学验证资料。明确中间体（如浸膏等）的得率范围。

3.3.5.7 生产数据和工艺验证资料

提供研发过程中代表性批次（申请临床试验时，包括但不限于中试放大批等；申请上市许可时，应包括但不限于中试放大批、临床试验批、商业规模生产工艺验证批等）的样品情况汇总资料，包括：批号、生产时间及地点、生产数据、批规模、用途（如用于稳定性试验等）、质量检测结果（例如含量及其他主要质量指标）。申请上市许可时，提供商业规模生产工艺验证资料，包括工艺验证方案和验证报告，工艺必须在预定的参数范围内进行。

生产工艺研究应注意实验室条件与中试和生产的衔接，考虑大生产设备的可行性、适应性。生产工艺进行优化的，应重点描述工艺研究的主要变更（包括批量、设备、工艺参数等的变化）及相关的支持性验证研究。

按古代经典名方目录管理的中药复方制剂应提供按照国家发布的古代经典名方关键信息及古籍记载制备的样品、中试样品和商业规模样品的相关性研究资料。

临床试验期间，如药品规格、制备工艺等发生改变的，应根据实际变化情况，参照相关技术指导原则开展研究工作，属重大变更以及引起药用物质或制剂吸收、利用明显改变的，应提出补充申请。申请上市许可时，应详细描述改变情况（包括设备、工艺参数等的变化）、改变原因、改变时间以及相关改变是否获得国家药品监督管理部门的批准等内容，并提供相关研究资料。

3.3.6 试验用样品制备情况

3.3.6.1 毒理试验用样品

应提供毒理试验用样品制备信息。一般应包括：

（1）毒理试验用样品的生产数据汇总，包括批号、投料量、样品得量、用途等。毒理学试验样品应采用中试及中试以上规模的样品。

（2）制备毒理试验用样品所用处方药味的来源、批号以及自检报告等。

（3）制备毒理试验用样品用主要生产设备的信息。

（4）毒理试验用样品的质量标准、自检报告及相关图谱等。

3.3.6.2 临床试验用药品（适用于上市许可申请）

申请上市许可时，应提供用于临床试验的试验药物和安慰剂（如适用）的制备信息。

（1）用于临床试验的试验药物

提供用于临床试验的试验药物的批生产记录复印件。批生产记录中需明确生产厂房 / 车间和生产线。

提供用于临床试验的试验药物所用处方药味的基原、产地信息及自检报告。

提供生产过程中使用的主要设备等情况。

提供用于临床试验的试验药物的自检报告及相关图谱。

（2）安慰剂

提供临床试验用安慰剂的批生产记录复印件。

提供临床试验用安慰剂的配方，以及配方组成成分的来源、执行标准等信息。

提供安慰剂与试验样品的性味对比研究资料，说明安慰剂与试验样品在外观、大小、色泽、重量、味道和气味等方面的一致性情况。

3.3.7 “生产工艺”资料（适用于上市许可申请）

申请上市许可的药物，应参照中药相关生产工艺格式和内容撰写要求提供“生产工艺”资料。

3.3.8 参考文献

提供有关的参考文献，必要时应提供全文。

3.4 制剂质量与质量标准研究

3.4.1 化学成份研究

提供化学成分研究的文献资料或试验资料。

3.4.2 质量研究

提供质量研究工作的试验资料及文献资料。

按古代经典名方目录管理的中药复方制剂应提供药材、饮片按照国家发布的古代经典名方关键信息及古籍记载制备的样品、中间体、制剂的质量相关性研究资料。

同名同方药应提供与同名同方的已上市中药的质量对比研究结果。

3.4.3 质量标准

提供药品质量标准草案及起草说明，并提供药品标准物质及有关资料。对于药品研制过程中使用的对照品，应说明其来源并提供说明书和批号。对于非法定来源的对照品，申请临床试验时，应说明是否按照相关技术要求进行研究，提供相关研究资料；申请上市许可时，应说明非法定来源的对照品是否经法定部门进行标定，提供相关证明性文件。

境外生产药品提供的质量标准的中文本须按照中国国家药品标准或药品注册标准的格式整理报送。

3.4.4 样品检验报告

申请临床试验时，提供至少 1 批样品的自检报告。

申请上市许可时，提供连续 3 批样品的自检及复核检验报告。

3.4.5 参考文献

提供有关的参考文献，必要时应提供全文。

3.5 稳定性

3.5.1 稳定性总结

总结稳定性研究的样品情况、考察条件、考察指标和考察结果，并拟定贮存条件和有效期。

3.5.2 稳定性研究数据

提供稳定性研究数据及图谱。

3.5.3 直接接触药品的包装材料和容器的选择

阐述选择依据。提供包装材料和容器执行标准、检验报告、生产商 / 供货商及相关证明文件等。提供针对所选用包装材料和容器进行的相容性等研究资料（如适用）。

申请上市许可时，应说明包装材料和容器与药品关联审评审批情况。

3.5.4 上市后的稳定性研究方案及承诺（适用于上市许可申请）

申请药品上市许可时，应承诺对上市后生产的前三批产品进行长期稳定性考察，并对每年生产的至少一批产品进行长期稳定性考察，如有异常情况应及时通知药品监督管理部门。

提供后续稳定性研究方案。

3.5.5 参考文献

提供有关的参考文献，必要时应提供全文。

（四）药理毒理研究资料

申请人应基于不同申报阶段的要求提供相应药理毒理研究资料。相应要求详见相关技术指导原则。

非临床安全性评价研究应当在经过 GLP 认证的机构开展。

天然药物的药理毒理研究参考相应研究技术要求进行。

4.1 药理学研究资料

药理学研究是通过动物或体外、离体试验来获得非临床有效性信息，包括药效学作用及其特点、药物作用机制等。药理学申报资料应列出试验设计思路、试验实施过程、试验结果及评价。

中药创新药，应提供主要药效学试验资料，为进入临床试验提供试验证据。药物进入临床试验的有效性证据包括中医药理论、临床人用经验和药效学研究。根据处方来源及制备工艺等不同，以上证据所占有权重不同，进行试验时应予综合考虑。

药效学试验设计时应考虑中医药特点，根据受试物拟定的功能主治，选择合适的试验项目。

提取物及其制剂，提取物纯化的程度应经筛选研究确定，筛选试验应与拟定的功能主治具有相关性，筛选过程中所进行的药理毒理研究应体现在药理毒理申报资料中。如有同类成分的提取物及其制剂上市，则应当与其进行药效学及其他方面的比较，以证明其优势和特点。

中药复方制剂，根据处方来源和组成、临床人用经验及制备工艺情况等可适当减免药效学试验。

具有人用经验的中药复方制剂，可根据人用经验对药物有效性的支持程度，适当减免药效学试验；若人用经验对有效性具有一定支撑作用，处方组成、工艺路线、临床定位、用法用量等与既往临床应用基本一致的，则可不提供药效学试验资料。

依据现代药理研究组方的中药复方制剂，需采用试验研究的方式来说明组方的合理性，并通过药效学试验来提供非临床有效性信息。

中药改良型新药，应根据其改良目的、变更的具体内容来确定药效学资料的要求。若改良目的在于或包含提高有效性，应提供相应的对比性药效学研究资料，以说明改良的优势。中药增加功能主治，应提供支持新功能主治的药效学试验资料，可根据人用经验对药物有效性的支持程度，适当减免药效学试验。

安全药理学试验属于非临床安全性评价的一部分，其要求见“4.3 毒理学研究资料”。

药理学研究报告应按照以下顺序提交：

4.1.1 主要药效学

4.1.2 次要药效学

4.1.3 安全药理学

4.1.4 药效学药物相互作用

4.2 药代动力学研究资料

非临床药代动力学研究是通过体外和动物体内的研究方法，揭示药物在体内的动态变化规律，获得药物的基本药代动力学参数，阐明药物的吸收、分布、代谢和排泄的过程和特征。

对于提取的单一成分制剂，参考化学药物非临床药代动力学研究要求。

其他制剂，视情况（如安全性风险程度）进行药代动力学研究或药代动力学探索性研究。

缓、控释制剂，临床前应进行非临床药代动力学研究，以说明其缓、控释特征；若为改剂型品种，还应与原剂型进行药代动力学比较研究；若为同名同方药的缓、控释制剂，应进行非临床药代动力学比较研究。

在进行中药非临床药代动力学研究时，应充分考虑其成分的复杂性，结合其特点选择适宜的方法开展体内过程或活性代谢产物的研究，为后续研发提供参考。

若拟进行的临床试验中涉及与其他药物（特别是化学药）联合应用，应考虑通过体外、体内试验来考察可能的药物相互作用。

药代动力学研究报告应按照以下顺序提交：

4.2.1 分析方法及验证报告

4.2.2 吸收

4.2.3 分布（血浆蛋白结合率、组织分布等）

4.2.4 代谢（体外代谢、体内代谢、可能的代谢途径、药物代谢酶的诱导或抑制等）

4.2.5 排泄

4.2.6 药代动力学药物相互作用（非临床）

4.2.7 其他药代试验

4.3 毒理学研究资料

毒理学研究包括：单次给药毒性试验，重复给药毒性试验，遗传毒性试验，生殖毒性试验，致癌性试验，依赖性试验，刺激性、过敏性、溶血性等与局部、全身给药相关的制剂安全性试验，其他毒性试验等。

中药创新药，应尽可能获取更多的安全性信息，以便于对其安全性风险进行评价。根据其品种特点，对其安全性的认知不同，毒理学试验要求会有所差异。

新药材及其制剂，应进行全面的毒理学研究，包括安全药理学试验、单次给药毒性试验、重复给药毒性试验、遗传毒性试验、生殖毒性试验等，根据给药途径、制剂情况可能需要进行相应的制剂安全性试验，其余试验根据品种具体情况确定。

提取物及其制剂，根据其临床应用情况，以及可获取的安全性信息情况，确定其毒理学试验要求。如提取物立题来自试验研究，缺乏对其安全性的认知，应进行全面的毒理学试验。如提取物立题来自传统应用，生产工艺与传统应用基本一致，一般应进行安全药理学试验、单次给药毒性试验、重复给药毒性试验，以及必要时其他可能需要进行的试验。

中药复方制剂，根据其处方来源及组成、人用安全性经验、安全性风险程度的不同，提供相应的毒理学试验资料，若减免部分试验项目，应提供充分的理由。

对于采用传统工艺，具有人用经验的，一般应提供单次给药毒性试验、重复给药毒性试验资料。

对于采用非传统工艺，但具有可参考的临床应用资料的，一般应提供安全药理学、单次给药毒性试验、重复给药毒性试验资料。

对于采用非传统工艺，且无人用经验的，一般应进行全面的毒理学试验。

临床试验中发现非预期不良反应时，或毒理学试验中发现非预期毒性时，应考虑进行追加试验。

中药改良型新药，根据变更情况提供相应的毒理学试验资料。若改良目的在于或包含提高安全性的，应进行毒理学对比研究，设置原剂型/原给药途径/原工艺进行对比，以说明改良的优势。

中药增加功能主治，需延长用药周期或者增加剂量者，应说明原毒理学试验资料是否可以支持延长周期或增加剂量，否则应提供支持用药周期延长或剂量增加的毒理学研究资料。

一般情况下，安全药理学、单次给药毒性、支持相应临床试验周期的重复给药毒性、遗传毒性试验资料、过敏性、刺激性、溶血性试验资料或文献资料应在申请临床试验时提供。后续需根据临床试验进程提供支持不同临床试验给药期限或支持上市的重复给药毒性试验。生殖毒性试验根据风险程度在不同的临床试验开发阶段提供。致癌性试验资料一般可在申请上市时提供。

药物研发的过程中，若受试物的工艺发生可能影响其安全性的变化，应进行相应的毒理学研究。

毒理学研究资料应列出试验设计思路、试验实施过程、试验结果及评价。

毒理学研究报告应按照以下顺序提交：

4.3.1 单次给药毒性试验

4.3.2 重复给药毒性试验

4.3.3 遗传毒性试验

4.3.4 致癌性试验

4.3.5 生殖毒性试验

4.3.6 制剂安全性试验（刺激性、溶血性、过敏性试验等）

4.3.7 其他毒性试验

（五）临床研究资料

5.1 中药创新药

5.1.1 处方组成符合中医药理论、具有人用经验的创新药

5.1.1.1 中医药理论

5.1.1.1.1 处方组成，功能、主治病证

5.1.1.1.2 中医药理论对主治病证的基本认识

5.1.1.1.3 拟定处方的中医药理论

5.1.1.1.4 处方合理性评价

5.1.1.1.5 处方安全性分析

5.1.1.1.6 和已有国家标准或药品注册标准的同类品种的比较

5.1.1.2 人用经验

5.1.1.2.1 证明性文件

5.1.1.2.2 既往临床应用情况概述

5.1.1.2.3 文献综述

5.1.1.2.4 既往临床应用总结报告

5.1.1.2.5 拟定主治概要、现有治疗手段、未解决的临床需求

5.1.1.2.6 人用经验对拟定功能主治的支持情况评价

中医药理论和人用经验部分的具体撰写要求，可参考相关技术要求、技术指导原则。

5.1.1.3 临床试验

需开展临床试验的，应提交以下资料：

5.1.1.3.1 临床试验计划与方案及其附件

5.1.1.3.1.1 临床试验计划和方案

5.1.1.3.1.2 知情同意书样稿

5.1.1.3.1.3 研究者手册

5.1.1.3.1.4 统计分析计划

5.1.1.3.2 临床试验报告及其附件（完成临床试验后提交）

5.1.1.3.2.1 临床试验报告

5.1.1.3.2.2 病例报告表样稿、患者日志等

5.1.1.3.2.3 与临床试验主要有效性、安全性数据相关的关键标准操作规程

5.1.1.3.2.4 临床试验方案变更情况说明

5.1.1.3.2.5 伦理委员会批准件

5.1.1.3.2.6 统计分析计划

5.1.1.3.2.7 临床试验数据库电子文件

申请人在完成临床试验提出药品上市许可申请时，应以光盘形式提交临床试验数据库。数据库格式以及相关文件等具体要求见临床试验数据递交相关技术指导原则。

5.1.1.3.3 参考文献

提供有关的参考文献全文，外文文献还应同时提供摘要和引用部分的中文译文。

5.1.1.4 临床价值评估

基于风险获益评估，结合中医药理论、人用经验和临床试验，评估本品的临床价值及申报资料对于拟定功能主治的支持情况。

说明：

申请人可基于中医药理论和人用经验，在提交临床试验申请前，就临床

试验要求与药审中心进行沟通交流。

5.1.2 其他来源的创新药

5.1.2.1 研究背景

5.1.2.1.1 拟定功能主治及临床定位

应根据研发情况和处方所依据的理论，说明拟定功能主治及临床定位的确定依据，包括但不限于文献分析、药理研究等。

5.1.2.1.2 疾病概要、现有治疗手段、未解决的临床需求

说明拟定适应病证的基本情况、国内外现有治疗手段研究和相关药物上市情况，现有治疗存在的主要问题和未被满足的临床需求，以及说明本品预期的安全性、有效性特点和拟解决的问题。

5.1.2.2 临床试验

应按照“5.1.1.3 临床试验”项下的相关要求提交资料。

5.1.2.3 临床价值评估

基于风险获益评估，结合研究背景和临床试验，评估本品的临床价值及申报资料对于拟定功能主治的支持情况。

说明：

申请人可基于处方组成、给药途径和非临床安全性评价结果等，在提交临床试验申请前，就临床试验要求与药审中心进行沟通交流。

5.2 中药改良型新药

5.2.1 研究背景

应说明改变的目的和依据。如有人用经验，可参照“5.1.1.2 人用经验”项下的相关要求提交资料。

5.2.2 临床试验

应按照“5.1.1.3 临床试验”项下的相关要求提交资料。

5.2.3 临床价值评估

结合改变的目的和临床试验，评估本品的临床价值及申报资料对于拟定改变的支持情况。

说明：

申请人可参照中药创新药的相关要求，在提交临床试验申请前，就临床试验要求与药审中心进行沟通交流。

5.3 古代经典名方中药复方制剂

5.3.1 按古代经典名方目录管理的中药复方制剂

提供药品说明书起草说明及依据，说明药品说明书中临床相关项草拟的内容及其依据。

5.3.2 其他来源于古代经典名方的中药复方制剂

5.3.2.1 古代经典名方的处方来源及历史沿革、处方组成、功能主治、用法用量、中医药理论论述

5.3.2.2 基于古代经典名方加减化裁的中药复方制剂，还应提供加减化裁的理由及依据、处方合理性评价、处方安全性分析。

5.3.2.3 人用经验

5.3.2.3.1 证明性文件

5.3.2.3.2 既往临床实践情况概述

5.3.2.3.3 文献综述

5.3.2.3.4 既往临床实践总结报告

5.3.2.3.5 人用经验对拟定功能主治的支持情况评价

5.3.2.4 临床价值评估

基于风险获益评估，结合中医药理论、处方来源及其加减化裁、人用经验，评估本品的临床价值及申报资料对于拟定功能主治的支持情况。

5.3.2.5 药品说明书起草说明及依据

说明药品说明书中临床相关项草拟的内容及其依据。

中医药理论、人用经验部分以及药品说明书的具体撰写要求，可参考相关技术要求、技术指导原则。

说明：

此类中药的注册申请、审评审批、上市监管等实施细则和技术要求另行制定。

5.4 同名同方药

5.4.1 研究背景

提供对照同名同方药选择的合理性依据。

5.4.2 临床试验

需开展临床试验的，应按照“5.1.1.3 临床试验”项下的相关要求提交资料。

5.5 临床试验期间的变更（如适用）

获准开展临床试验的药物拟增加适用人群范围（如增加儿童人群）、变更用法用量（如增加剂量或延长疗程）等，应根据变更事项提供相应的立题目的和依据、临床试验计划与方案及其附件；药物临床试验期间，发生药物临床试验方案变更、非临床或者药学的变化或者有新发现，需按照补充申请申报的，临床方面应提供方案变更的详细对比与说明，以及变更的理由和依据。

同时，还需要对已有人用经验和临床试验数据进行分析整理，为变更提供依据，重点关注变更对受试者有效性及安全性风险的影响。

1.3 药品注册申报资料格式体例与整理规范

（国家药监局药审中心2020年第12号通告附件）

国家药监局药审中心关于发布《药品注册申报资料格式体例与整理规范》的通告

（2020年第12号）

根据《国家药监局关于实施〈药品注册管理办法〉有关事宜的公告》（2020年第46号），为推进相关配套规范性文件、技术指导原则起草制定工作，在国家药品监督管理局的部署下，药审中心组织制定了《药品注册申报资料格式体例与整理规范》（见附件），经国家药品监督管理局审核同意，现予发布，自2020年10月1日起施行。

特此通告。

国家药品监督管理局药品审评中心

2020年7月8日

药品注册申报资料格式体例与整理规范

一、申请表的整理

（一）种类与份数要求

药品注册申请表、申报资料自查表、小型微型企业收费优惠申请表（如适用）与申报资料份数一致，其中至少一份为原件。

（二）申请表报盘程序

依据关于启用新版药品注册申请表报盘程序的公告，申请表的填报须采用国家药品监督管理局统一发布的填报软件，提交由新版《药品注册申请表报盘程序》生成的电子及纸质文件。确认所用版本为最新版 [以最新发布的公告为准]，所生成的电子文件的格式应为 RVT 文件。各页的数据核对码必须一致，并与提交的电子申请表一致，申请表及自查表各页边缘应加盖申请人或注册代理机构骑缝章。

（三）填表基本要求

申请表填写应当准确、完整、规范，不得手写或涂改，并应符合填表说明的要求。

二、申报资料的整理

（一）数量与装袋方式

1. 药物临床试验申请 / 药品上市许可申请：2 套完整申请资料（至少 1 套为原件）+1 套综述资料（应包括模块一、模块二，中药应包括行政文件和药品信息，药品注册检验报告（如适用）），每套装入相应的申请表。变更申请 / 境外生产药品再注册：2 套完整申请资料（至少 1 套为原件），每套装入相应的申请表。

2. 供核查检验用的光盘 1 套：含全套申报资料和临床试验数据库（如适用）。

（二）文字体例及纸张

1. 字体、字号、字体颜色、行间距离及页边距离

1.1 字体

中文：宋体 英文：Times New Roman

1.2 字号

中文：不小于小四号字，表格不小于五号字；申报资料封面加粗四号；申报资料项目目录小四号，脚注五号字。英文：叙述性文本推荐 Times New Roman 的 12 号字体。

1.3 字体颜色：黑色

1.4 行间距离及页边距离

行间距离：至少为单倍行距。

页边距离：在准备文本和表格的过程中应留出一定的页边距，以便文件能够用 A4 纸印刷。左侧的页边距应足够宽，以便装订时不会遮挡住文中的内容。纵向页面：推荐左边距离不小于 2.5 厘米、上边距离不小于 2 厘米、其他边距不小于 1 厘米；横向页面：推荐上边距离不小于 2.5 厘米、右边距离不小于 2 厘米、其他边距不小于 1 厘米。

页眉和页脚：文件的所有页面都应包含一个具有唯一性的页眉或页脚，简要介绍文件的主题。页眉和页脚信息在上述页边距内显示，保证文本在打印或装订中不丢失信息。

2. 纸张规格

申报资料使用国际标准 A4 型（297mm × 210mm）规格、纸张重量 80g。纸张双面或单面打印，内容应完整、清楚，不得涂改；申报资料所附图片、照片须清晰易辨，不宜使用复印图片或彩色喷墨打印方式。

3. 纸张性能

申报资料文件材料的载体和书写材料应符合耐久性要求。

4. 加盖公章

4.1 除《药品注册申请表》及检验机构出具的检验报告外，申报资料（含图谱）应逐个封面加盖申请人或注册代理机构公章，封面公章应加盖在文字处。

4.2 申报资料中涉及其他机构出具的报告等文件，应签名 / 加盖相关机构公章。

4.3 加盖的公章应符合国家有关用章规定，并具法律效力。

（三）整理装订要求

1. 申报资料袋封面（见附 1）

1.1 档案袋封面注明：申请事项、注册分类、药品名称、本袋为第 X 套第 X 袋（每套共 X 袋）、原件 / 复印件、联系人、联系电话、申请人 / 注册代理机构名称等。

1.2 多规格的品种为同一册申报资料时，申报资料袋封面，需显示多规格（同一封面）。

2. 申报资料项目封面（见附 2）

2.1 每项资料加“封面”，每项资料封面上注明：药品名称、资料项目编号、资料项目名称、申请人 / 注册代理机构、联系人姓名、联系电话、地址等。

2.2 右上角注明资料项目编号，左上角注明注册分类。

2.3 各项资料之间应当使用明显的区分标志。各项文件通过标签与其他文件分开。

3. 申报资料项目目录

申报资料首页为申报资料项目目录（见附 3），目录中申报资料项目按申报资料要求的顺序排列。宜在每项申报资料所附图谱前面建立交叉索引表，说明图谱编号、申报资料中所在页码、图谱的试验内容。适用《M4：人用药物注册申请通用技术文档（CTD）》格式的，参照 ICH 相关要求提交目录。

4. 申报资料内容

4.1 总体要求

4.1.1 复印件应当与原件完全一致，应当由原件复制并保持完整、清晰。

4.1.2 申报资料中同一内容（如药品名称、申请人名称、申请人地址等）的填写应前后一致。

4.1.3 外文资料应翻译成中文，申请人应对翻译的准确性负责。

4.2 具体要求

4.2.1 整理排序

按照现行申报资料要求的项目顺序整理申报资料，装订成册的文件材料排列文字在前，照片及图谱在后。有译文的外文资料，译文在前，原文在后。

4.2.2 编写页码

4.2.2.1 装订成册的文件材料，有书写内容的页面编写页码。

4.2.2.2 每份文件都应从第一页开始编制页码，但是具体的参考文献例外，已存的杂志的页码编制（对该类文件来说）已经足够。

4.2.2.3 单面书写的文件材料在其正中编写页码；双面书写的文件材料，正面与背面均在其正中编写页码。图样页码编写在标题栏外。

4.2.3 整理装订

4.2.3.1 按不同模块资料分类顺序，分别打孔装订成册。

4.2.3.2 装订成册的申报资料内不同幅面的文件材料要折叠为统一幅面，破损的要先修复，幅面一般采用国际标准 A4 型（297mm × 210mm）。

4.2.3.3 资料宜采用打孔线装方式装订，每册申报资料的厚度一般不大于 300 张。在可能的情况下，无需将申报资料与附件分开装订，确需分开装订的，每册应加封面，封面内容除总册数和册号外，其他应相同，区分方式为如某项资料有 3 册时，可用“第 1 册共 3 册”在封面项目名称下标注。

4.2.4 整理装袋

4.2.4.1 申报资料的整理形式按照不同专业，分类单独整理装袋，一般不得合并装袋；通用名称核准资料、非处方药适宜性审查资料和医疗器械部分资料（如适用），应单独装袋。每套资料装入独立的档案袋，档案袋使用足够强度牛皮纸，以免破损。

4.2.4.2 当单专业申报资料无法装入同一个资料袋时，可用多个资料袋进行分装，并按本专业研究资料目录有序排列，同一资料项目编号的研究资料放置在同一资料袋中，确保每袋资料间完整的逻辑关系。

5. 照片资料的整理

5.1 将照片与文字说明一起固定在芯页上，芯页的规格为 297mm × 210mm。

5.2 根据照片的规格、画面和说明的字数确定照片固定位置。

5.3 照片必须固定在芯页正面（装订线右侧）。

5.4 装订成册的申报资料内的芯页以 30 页左右为宜。

6. 同时提交光盘的，应使用可记录档案级光盘刻盘，并将光盘装入光盘盒中，盒上须注明品名、申报单位、本套光盘共 * 张、本盘为第 * 张、联系人及电话等信息，加盖申请人或注册代理机构公章。光盘盒应封装于档案袋中，档案袋封面也应注明品名、申报单位，加盖申请人或注册代理机构公章，随申报资料原件一并提交。

1.4 中药注册受理审查指南（试行）

（国家药监局药审中心2020年第34号通告附件）

国家药监局药审中心关于发布《中药注册受理审查指南（试行）》的通告

（2020 年第 34 号）

根据《国家药监局关于发布〈中药注册分类及申报资料要求〉的通告》（2020 年第 68 号），为推进相关配套规范性文件、技术指导原则起草制定工作，在国家药品监督管理局的部署下，药审中心组织制定了《中药注册受理审查指南（试行）》（见附件），经国家药品监督管理局审核同意，现予发布，自发布之日起施行。

特此通告。

国家药品监督管理局药品审评中心

2020年10月21日

中药注册受理审查指南（试行）

本指南基于现行法律法规要求制定，对于指南中未涵盖或未明确的受理事宜，申请人可与受理部门进行沟通。后续将根据相关法律法规等文件要求适时更新。

一、适用范围

中药临床试验申请/药品上市许可申请。

二、受理部门

由国家药品监督管理局药品审评中心受理。

三、资料基本要求

应按照《药品注册管理办法》及《中药注册分类及申报资料要求》的规定，提交符合要求的申报资料。申报资料的格式、目录及项目编号不能改变，对应项目无相关信息或研究资料，项目编号和名称也应保留，可在项下注明“无相关研究内容”或“不适用”。

申报资料的撰写还应参考相关法规、技术要求及技术指导原则的相关规定。

（一）申请表的整理

药品注册申请表、申报资料自查表、小型微型企业收费优惠申请表（如适用）与申报资料份数一致，其中至少一份为原件；填写应当准确、完整、规范，不得手写或涂改，并应符合填表说明的要求。

依据关于启用新版药品注册申请表报盘程序的公告，申请表的填报须采用国家药品监督管理局统一发布的填报软件，提交由新版《药品注册申请表报盘程序》生成的电子及纸质文件。确认所用版本为最新版（以最新发布的公告为准），所生成的电子文件的格式应为RVT文件。各页的数据核对码必须一致，并与提交的电子申请表一致，申请表及自查表各页边缘应加盖申请人或注册代理机构骑缝章。

（二）申报资料的整理

2套完整申请资料（至少1套为原件）+1套综述资料（应包含行政文件和药品信息、概要），每套装入相应的申请表及目录。

除《药品注册申请表》及检验机构出具的检验报告外，申报资料（含图谱）应逐个封面加盖申请人或注册代理机构公章，封面公章应加盖在文字处，整理规范详见《药品注册申报资料申报资料格式体例与整理规范》。

四、形式审查要点

（一）申报事项审查要点

1. 获准开展药物临床试验的药物拟增加功能主治（或者适应证）以及增加与其他药物联合用药的，申请人应当提出新的药物临床试验申请，经批准后方可开展新的药物临床试验。获准上市的药品增加功能主治（或者适应证）需要开展药物临床试验的，应当提出新的药物临床试验申请。

2. 药物临床试验终止后，拟继续开展药物临床试验的，应当重新提出药物临床试验申请。药物临床试验申请自获准之日起，三年内未有受试者签署知情同意书的，该药物临床试验许可自行失效；仍需实施药物临床试验的，应当重新申请。

3. 中药创新药和中药改良型新药药物临床试验申请和药品上市许可申请按所申报的适应证管理（不包括主治为证候的中药复方制剂）。同一药物不同功能主治（或者适应证）应分别提交注册申请。对于同一功能主治（或者适应证）涉及多个临床试验方案的申请，需在申请表其他特别申明事项中简要说明。

4. 符合《药品注册管理办法》第三十六条情形的，可以直接提出非处方药上市许可申请，同时应在申请表中予以说明。

5. 药品上市许可申请审评期间，发生可能影响药品安全性、有效性和质量可控性的重大变更的，申请人应当撤回原注册申请，补充研究后重新申报。

申请人名称变更、注册地址名称变更等不涉及技术审评内容的，应当及时书面告知药品审评中心并提交相关证明性资料。

（二）沟通交流审查要点

1. 申请附条件批准的，申请人应当就附条件批准上市的条件和上市后继续完成的研究工作等与药品审评中心沟通交流，经沟通交流确认后提出药品上市许可申请。

2. 申请优先审评审批的，申请人在提出药品上市许可申请前，应当与药品审评中心沟通交流，经沟通交流确认后，在提出药品上市许可申请的同时，向药品审评中心提出优先审评审批申请。

3. 沟通交流应符合《药物研发与技术审评沟通交流管理办法》及相关规定。

4. 已申请沟通交流的，应提交与该申请相关的沟通交流编号、沟通交流回复意见，并就回复意见进行逐项答复。

（三）申请表审查要点

1. 药品注册申请表

按照药品注册申请表填表说明的要求规范填写申请表，填报信息应与证明文件中相应内容保持一致。

1.1 药品加快上市注册程序：按照该申请实际情况勾选。经沟通交流确认后，勾选“优先审评审批程序”的，在提出药品上市许可申请的同时，按照《优先审评审批工作程序》提出优先审评审批申请；勾选“特别审批程序”的，应按照《药品特别审批程序》办理。

1.2 申请事项：按照该申请实际申请事项填写。申请临床研究，选临床试验；申请上市，选择上市许可。

1.3 药品注册分类：按照《中药注册分类及申报资料要求》选择。

1.4 其他事项：符合小型微型企业条件的企业申请收费优惠的，可选小微企业收费优惠。

1.5 药品通用名称：应当使用国家药品标准或者药品注册标准收载的药品

通用名称。申报复方制剂或者中药制剂自拟药品名称的，应当预先进行药品名称查重工作。未列入国家药品标准或者药品注册标准的，申请人在提出药品上市许可申请时，应当提交通用名称证明原件，或同时提出通用名称核准申请。

1.6 英文名称 / 拉丁名称：中药制剂没有英文名的，可以免填；申报中药材的需提供拉丁名。

1.7 商品名：选择“不使用”商品名。

1.8 同品种已被受理或同期申报的其他制剂及规格：填写该品种已被受理或同期申报的制剂或不同规格品种的受理号及名称，包括联合用药的制剂受理号及名称。若为完成临床研究申请上市的，需填写原临床申请受理号、临床试验批件号、临床试验登记号等。

1.9 原 / 辅料 / 包材来源：申报药品注册时，须填写所用的相关信息，应与所提交的证明文件 / 原料药、药用辅料和药包材登记信息公示平台中登记的相应内容保持一致。

1.10 主要适应证或功能主治：应与拟申请的功能主治或适应证一致。

1.11 是否涉及特殊管理药品或成分：属于麻醉药品、精神药品、医疗用毒性药品、放射性药品管理的特殊药品，应选填。

1.12 同品种新药监测期：已获准新药监测期的品种，新药进入监测期之日起，不再受理其他申请人的同品种注册申请；已批准临床的，可受理申报上市许可申请。

1.13 本次申请为：填写申报品种本次属于第几次申报。简要说明既往申报及审批情况，如申请人自行撤回或因资料不符合审批要求曾被国家药品监督管理局不予批准等情况。原申请审批结束后，方可再行申报。

1.14 申请人及委托研究机构：

所填报的信息应与证明文件中相应内容保持一致，并指定其中一个申请机构负责向国家缴纳注册费用。已经填入的申请人各机构均应当由其法定代表人或接受其授权者（另需提供签字授权书原件）在此签名、加盖机构公章（须与其机构名称完全一致）。

2. 小型微型企业收费优惠申请表

如符合小微企业行政事业性收费优惠政策，可提交小型微型企业收费优惠申请表并提供如下信息：

2.1 基本信息

如企业名称、联系人、联系电话等，应与药品注册申请表有关信息一致。

2.2 从业人员、上一纳税年度营业收入、企业资产总值等：申请人依实际情况填写。

2.3 应由其法定代表人或接受其授权者（另需提供签字授权书原件）在此签名、加盖机构公章（须与其机构名称完全一致）。

（四）申报资料审查要点

关于取消证明事项的公告中规定的“改为内部核查”的证明事项，按公告要求执行。

1. 产品相关证明性文件

1.1 药材/饮片、提取物等处方药味，药用辅料及药包材证明文件

1.1.1 药材/饮片、提取物等处方药味来源证明文件。

1.1.2 药用辅料及药包材合法来源证明文件，如供货协议、发票等（适用于制剂未选用已登记原辅包情形）。

1.1.3 药用辅料及药包材授权使用书复印件（适用于制剂选用已登记原辅包情形）。如为供应商出具，需有药用辅料和药包材企业授权，并附授权信复印件。

1.2 专利信息及证明文件

申请的药物或者使用的处方、工艺、用途等专利情况及其权属状态说明，以及对他人的专利不构成侵权的声明，应由申请人出具，并承诺对可能的侵权后果承担全部责任。

1.3 麻醉药品、精神药品等研制立项批复文件复印件（如适用）

1.4 对照药合法来源文件（如适用）

1.5 药物临床试验相关证明文件（适用于上市许可申请）

《药物临床试验批件》/ 临床试验通知书复印件、临床试验用药质量标准及临床试验登记号等相关材料，并就《药物临床试验批件》/ 临床试验通知书中意见进行逐项答复。

1.6 研究机构资质证明文件（如适用）

非临床研究安全性评价机构应提供药品监督管理部门出具的符合《药物非临床研究质量管理规范》（简称 GLP）的批准证明或检查报告等证明性文件。临床试验机构应提供备案证明。

1.7 允许药品上市销售证明文件（适用于境外已上市药品）

1.7.1 境外药品管理机构出具的允许该药品上市销售证明文件、公证认证文书及中文译文。出口国或地区物种主管当局同意出口的证明。

1.7.2 对于生产国家或地区按食品或按医疗器械管理的制剂，应提供该国家或者地区有关管理机构允许该品种上市销售的证明文件。

1.8 境外药品管理机构出具的允许药品变更的证明文件、公证认证文书及其中文译文（如适用）

1.9 药械组合产品相关证明性文件（如适用）

经属性界定确认属于药品或以药品为主的药械组合产品，应提交药械组合产品的属性界定结果通知书复印件。

2. 申请人 / 生产企业证明性文件

2.1 申请人资质证明文件

2.1.1 境内申请人机构合法登记证明文件（营业执照等）、相应的药品生产许可证及其变更记录页（适用于上市许可申请）。

2.1.2 境外申请人指定中国境内的企业法人办理相关药品注册事项的，应当提供委托文书、公证文书及其中文译文，以及注册代理机构的营业执照复印件。上市许可申请时，如变更注册代理机构，还应提交境外申请人解除原委托代理注册关系的文书、公证文书及其中文译文。

2.2 生产企业资质证明文件

2.2.1 境内生产企业机构合法登记证明文件（营业执照等）、相应的生产企业药品生产许可证及变更记录页（适用于上市许可申请）。

申请临床试验的，应提供申请人出具的其临床试验用药物在符合药品生产质量管理规范的条件下制备的情况说明。

2.2.2 境外药品管理机构出具的该药品生产企业和包装厂符合药品生产质量管理规范的证明文件、公证认证文书及其中文译文（适用于境外生产的药品）。

对于生产国家或地区按食品管理的制剂，应提供该国家或地区药品管理机构出具的该生产企业符合药品生产质量管理规范的证明文件，或有关机构出具的该生产企业符合 ISO 9000 质量管理体系的证明文件。对于生产国家或地区按医疗器械管理的制剂，应提供企业资格证明文件。

申请新药临床试验的，应提供其临床试验用药物在符合药品生产质量管理规范的条件下制备的情况说明。

2.3 小微企业申报资料（如适用）。企业的工商营业执照副本复印件；上一年度企业所得税纳税申报表（须经税务部门盖章确认）或上一年度有效统计表（统计部门出具）原件。

3. 其他申报资料

3.1 申请人应按照《中药注册分类及申报资料要求》明确注册分类，并在“行政文件和药品信息”说明函中说明分类依据。

3.2 临床试验报告应符合相关技术指导原则要求，临床试验报告标题页应提供药品注册申请人（签字及盖章），主要或协调研究者（签字）、负责或协调研究单位名称、统计学负责人（签字）和统计单位名称及 ICH E3 要求的其他信息；临床试验报告附录 II 中应提供申办方负责医学专员签名。

3.3 临床试验数据库电子文件：应为 SAS XPORT 传输格式（即 xpt 格式），已锁定的数据库光盘（档案级）一式两份，并分别装入光盘盒中，盒上须注明文件类型：数据库，同时注明品名、申报单位（须加盖申报单位或注册代理机构公章）、统计软件名称、数据管理单位、数据统计单位等。光盘盒应封装于档案袋中，档案袋提交资料封面应注明：品名、申报单位（须加盖申报单位或注册代理机构公章），随申报资料原件一并提交。

3.4 拟使用的药品通用名称，未列入国家药品标准或者药品注册标准的，应当在提出药品上市许可申请时同时提出通用名称核准申请，并提交通用名称核准相关资料，单独成袋。

3.5 拟申报注册的药械组合产品，已有同类产品经属性界定为药品的，按照药品进行申报；尚未经属性界定的，申请人应当在申报注册前向国家药品监督管理局申请产品属性界定。属性界定为药品为主的，按照《药品注册管理办法》规定的程序进行注册，其中医疗器械部分参照医疗器械注册申报资料要求提交，单独成袋。

3.6 申请人撤回注册申请后重新申报的，应对重新开展或者补充完善的相关情况进行详细说明。

（五）其他提示

1. 境外生产的药品所提交的境外药品管理机构出具的证明文件（包括允许药品上市销售证明文件、符合药品生产质量管理规范证明文件以及允许药品变更证明文件等），为符合世界卫生组织推荐的统一格式原件的，可不经所在国公证机构公证及驻所在国中国使领馆认证。

2. 在已获准开展的临床试验期间，提出新增功能主治（或者适应证）临床试验申请的，申请时与首次申请重复的资料可免于提交（行政文件和药品信息除外），但应在申报资料中列出首次申请中相关资料的编号。

3. 申请人应当在三十日内完成补正资料，申请人无正当理由逾期不予补正的，视为放弃申请，并将申报资料退回给申请人。

五、受理审查决定

（一）受理

1. 受理通知书：符合形式审查要求的，出具《受理通知书》一式两份，一份给申请人，一份存入资料。

2. 缴费通知书：需要缴费。

（二）补正

申报资料不齐全或者不符合法定形式的，应一次告知申请人需要补正的全部内容，出具《补正通知书》。

（三）不予受理

不符合要求的，出具《不予受理通知书》，并说明理由。

（四）受理流程图

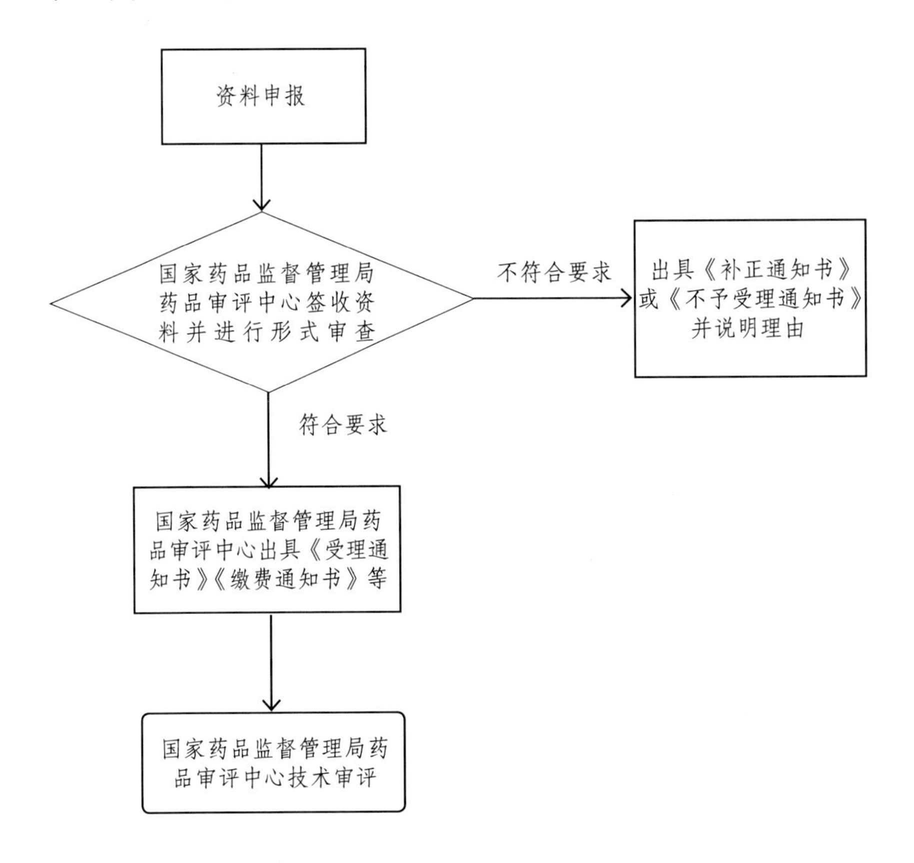

六、其他

其他未尽事宜，请参照《药品注册管理办法》《中药注册分类及申报资料要求》等现行的规定、技术指导原则有关文件执行。原食品药品监管总局

2017 年 11 月 30 日印发的《关于发布药品注册受理审查指南（试行）的通告》（2017 年第 194 号）同时废止。

七、附件

1. 中药注册申报资料自查表

2. 参考目录

1.5 中药新药研究各阶段药学研究技术指导原则（试行）

（国家药监局药审中心2020年第37号通告附件）

国家药监局药审中心关于发布《中药新药研究各阶段药学研究技术指导原则（试行）》的通告

（2020 年第 37 号）

在国家药品监督管理局的部署下，药审中心组织制定了《中药新药研究各阶段药学研究技术指导原则（试行）》（见附件）。根据《国家药监局综合司关于印发药品技术指导原则发布程序的通知》（药监综药管〔2020〕9 号）要求，经国家药品监督管理局审核同意，现予发布，自发布之日起施行。

特此通告。

国家药品监督管理局药品审评中心

2020年11月2日

中药新药研究各阶段药学研究技术指导原则（试行）

一、概述

中药新药研究是一项涉及药学、药理毒理、临床等多学科研究的系统工程。药学研究主要包括处方药味及其质量、剂型、生产工艺、质量研究及质量标准、稳定性等研究内容。中药新药研究应在中医药理论指导下，根据中药特点、新药研发的一般规律及不同研究阶段的主要目的，开展针对性研究，落实药品全生命周期管理，促进中药传承与创新，保证药品安全、有效、质量可控。

本指导原则主要针对中药新药申请临床试验、Ⅲ期临床试验前、申请上市许可及上市后研究各阶段需要完成的药学主要研究内容提出基本要求，为中药新药研究提供参考。对于具体产品不必拘泥于本指导原则提出的分阶段要求，应根据产品特点，科学合理安排研究内容。

二、一般原则

（一）遵循中医药理论指导

中药新药药学研究应在中医药理论指导下，尊重传统经验和临床实践，鼓励采用现代科学技术进行研究创新。

（二）符合中药特点及研发规律

应根据中药的特点及新药研发的一般规律，充分认识中药的复杂性、新药研发的渐进性及不同阶段的主要研究目的，分阶段开展相应的研究工作，体现质量源于设计理念，注重研究的整体性和系统性，提高新药的研发质量和效率，促进中药传承和创新发展。

（三）践行全生命周期管理

中药新药药学研究应体现全生命周期管理，加强药材、饮片、中间体、制剂等全过程的质量控制研究，建立和完善符合中药特点的全过程质量控制体系，并随着对产品认知的提高和科学技术的不断进步，持续改进药品生产工艺、质量控制方法和手段，促进 药品质量不断提升。

三、基本内容

（一）申请临床试验

应完成下列药学研究工作，为临床试验提供质量基本稳定的样品，满足临床试验的需求。研究内容包括固定处方药味和给药途径；明确药材基原及药用部位、饮片炮制方法、制备工艺；建立质量标准，基本完成安全性相关的质量控制研究，达到质量基本可控；保证临床试验用样品质量稳定。

1. 处方药味及其质量

中药新药的处方药味（包括中药饮片、提取物等）应固定。明确药材的基原、药用 部位、质量要求、饮片的炮制方法及质量标准等。关注药材的产地、采收期（包括采收年限和采收时间，下同）等。

为保证中药新药质量稳定，应关注所用药材的质量及其资源可持续利用，对野生药材应按照相关要求开展资源评估研究。对于确需使用珍稀濒危野生药材的，应符合相关法规要求，并重点考虑种植养殖的可行性。

2. 剂型及制备工艺

在中医药理论指导下，结合人用经验、各药味所含化学成分的理化性质和药理作用等，开展中药新药制备工艺研究。

应进行剂型选择、工艺路线及主要工艺参数研究，明确剂型和制备工艺，说明其选择的合理性。明确前处理、提取、纯化、浓缩、干燥等方法及主要工艺参数，基本明确中间体（如浸膏等）的得率 / 得量等关键工艺指标。进行制剂处方设计及成型工艺研 究，明确所用辅料、成型工艺及其主要工艺参数。

制备工艺应经中试放大研究确定，明确主要工艺参数。考虑商业规模生产设备的可行性和适应性。

非临床安全性试验用样品应采用中试及以上生产规模的样品。

3. 质量研究及质量标准

对中药新药用药材 / 饮片、中间体、制剂及辅料开展质量控制研究，建立质量标准。应围绕药品的安全性、有效性开展质量研究，重点对影响安全性的质控项目进行研究，如毒性成分及其控制，建立质量控制方法。随着研究的不断深入，质量研究及质量标准应逐步完善。

4. 稳定性研究

进行初步稳定性研究，选择适宜的直接接触药品的包装材料 / 容器，研究确定贮藏条件，保证临床试验用样品的质量稳定。

（二）Ⅲ期临床试验前临床试验所用样品一般应采用生产规模制备的样品，生产应符合药品生产质量管理规范的要求

1. 处方药味及其质量

在前期固定药材基原及药用部位、饮片炮制方法等研究基础上，通过对处方中药材的产地、采收期及产地加工、生产方式（野生、种植养殖、其他方式）、贮藏方法和条件等对药材质量影响的系统研究（包括文献研究），完善并确定药材相关信息，保证药材质量稳定。并应对药材、饮片等的质量标准进行不断研究完善。对于确需使用珍稀濒危野生药材的，应开展种植养殖技术研究。

2. 生产工艺

根据前期临床试验情况和研究结果，完成规模化生产研究，固定生产工艺并明确详细的工艺参数，确保Ⅲ期临床试验用样品质量稳定。在工艺路线及关键工艺参数不变的 前提下，若需要对工艺参数、成型工艺、辅料、规格

等进行变更的，应根据实际发生变更情况，参照相关技术指导原则开展研究工作，说明其合理性、必要性，必要时提出补充申请。

3. 质量研究及质量标准

继续开展质量研究和质量标准完善工作，如增加专属性鉴别药味、多指标的含量测定等。根据产品具体情况开展安全性相关指标（如重金属及有害元素、农药残留、真菌毒素）的研究，视结果列入标准，以更好地控制产品质量。

继续进行稳定性研究，保证确证性临床试验用样品的质量稳定。

（三）申请上市许可

应完成全部药学研究工作，明确生产工艺及关键工艺参数的合理范围，建立基本完善的质量控制方法，保证上市后药品与确证性临床试验用样品质量一致。

1. 处方药味及其质量

根据非临床安全性试验用样品、临床试验用样品所用药材/饮片情况，结合药材/饮片相关研究结果，固定药材基原、药用部位、产地、采收期、加工方法及饮片炮制工艺 参数等。结合临床试验情况及制剂需要，完善药材、饮片等质量标准。

为保证药材质量及资源可持续利用，应按照相关要求完成药材资源评估；对于使用的珍稀濒危野生药材，应满足上市后生产的需要。

2. 生产工艺

根据确证性临床试验用样品的制备工艺，建立生产过程的控制指标，完成商业规模的生产工艺验证，确定申请上市的生产工艺及工艺参数，确定中间体（如浸膏等）的得率/得量范围等，更好地控制产品质量的一致性。生产工艺应稳定可行，生产条件应符 合药品生产质量管理规范的要求。所用辅料应符合关联审评审批相关要求。

3. 质量研究及质量标准

应加强药材/饮片、中间体、制剂及辅料、直接接触药品的包装材料/容器的质量研究，关注生产过程的质量变化，构建完善的质量标准体系，实现药品全过程质量控制。

制剂质量标准的制定应根据确证性临床试验用样品的检测结果，反映临床试验用样品的质量状况，含量测定等检测指标应制定合理的范围，确保制剂质量稳定。根据产品特点，探索建立指纹或特征图谱、生物活性检测等项目。

根据生产规模样品的稳定性考察结果，确定有效期及贮藏条件。明确直接接触样品的包装材料 / 容器及其质量控制要求。所用直接接触样品的包装材料 / 容器应符合关联审评审批相关要求。

（四）上市后研究

继续加强质量控制研究，对野生药材开展规模化种植养殖研究，建立药材种植养殖基地，保障药材质量稳定和资源可持续利用。随着科学技术的进步、生产设备的更新以及对产品认识的不断深入等，开展相关研究；结合生产实际和临床使用情况，不断积累相关数据，关注药品有效性、安全性及质量可控性，建立完善全过程质量控制体系，推动药品质量不断提升。

四、参考文献

1.《中华人民共和国药品管理法》. 2019 年.

2. 国家市场监督管理总局 .《药品注册管理办法》. 2020 年 .

3.《中共中央 国务院关于促进中医药传承创新发展的意见》. 2019 年 .

4. 国家药品监督管理局药品审评中心 .《中药新药用药材质量控制研究技术指导原则（试行）》. 2020 年 .

5. 国家药品监督管理局药品审评中心 .《中药新药质量标准研究技术指导原则（试行）》. 2020 年 .

6. 国家药品监督管理局药品审评中心 .《中药新药用饮片炮制研究技术指导原则（试行）》.

7. 国家食品药品监督管理局 .《中药、天然药物提取纯化研究技术指导原则》. 2005 年.

8. 国家食品药品监督管理局.《中药、天然药物制剂研究技术指导原则》. 2005 年.

1.6 中药新药质量研究技术指导原则(试行)

(国家药监局药审中心2021年第3号通告附件)

国家药监局药审中心关于发布《中药新药质量研究技术指导原则(试行)》的通告

(2021 年第 3 号)

为进一步规范和指导中药新药质量研究，促进中药产业高质量发展，在国家药品监督管理局的部署下，药审中心组织制定了《中药新药质量研究技术指导原则(试行)》(见附件)。根据《国家药监局综合司关于印发药品技术指导原则发布程序的通知》(药监综药管〔2020〕9 号)要求，经国家药品监督管理局审查同意，现予发布，自发布之日起施行。

特此通告。

国家药品监督管理局药品审评中心

2021年1月14日

中药新药质量研究技术指导原则(试行)

一、概述

中药新药的质量研究是在中医药理论的指导下，采用各种技术、方法和手段，通过研究影响药品安全性和有效性的相关因素，确定药品关键质量属性的过程。质量研究的目的是确定质量控制指标和可接受范围，为药品生产过程控制和质量标准建立提供依据，保证药品的安全性、有效性和质量可控性。

基于中药多成分复杂体系的特点，中药新药的质量研究应以临床价值和需求为导向，遵循中医药理论，坚持传承和创新相结合，运用物理、化学或生物学等新技术、新方法从多角度研究分析药品的质量特征。同时，质量研究还应体现质量源于设计、全过程质量控制和风险管理的理念，通过对药材/饮片、中间体（中间产物）、制剂的药用物质及关键质量属性在不同环节之间的量质传递研究，以及药用物质与辅料、药包材相互影响的研究，不断提高中药的质量控制水平。

本技术指导原则旨在为中药新药的质量研究提供参考，相关内容将根据科学研究和中医药发展情况继续完善。

二、基本原则

（一）遵循中医药理论指导

中药尤其是复方制剂的物质基础复杂，在进行质量研究时应尊重传统中医药理论与实践，根据不同药物的特点，采用各种研究技术和方法，有针对性地开展质量研究，反映中药整体质量。

（二）传统质量控制方法与现代质量研究方法并重

传统经验方法对中药的质量研究和质量控制具有重要意义，同时鼓励现代科学技术在中药质量研究中的应用。应根据药物自身特点，运用物理、化学或生物学等现代研究方法分析药品的质量特征，研究质量特征的表征方法、关键质量属性、质量评价方法和量质传递规律，有效地反映药品的质量。

（三）以药用物质基础为重要研究内容

在中药新药质量研究过程中，药用物质基础研究应以中医药理论和临床实践为指导，同时关注与安全性、有效性的关联研究。通过药用物质基础相关属性的研究为生产过程控制和质量标准制定提供科学依据。

（四）以保证安全有效、质量可控为目标

中药新药的质量控制方法和指标应能反映药品的安全、有效、稳定、可控。药材 / 饮片、中间体、制剂的药用物质及关键质量属性、量质传递规律以及药用物质与辅料、药包材相互影响是质量研究的主要内容，应围绕安全性和有效性选择适宜的研究方法和质量控制指标，以客观地表征中药质量特征，为中药质量控制提供科学依据。

（五）贯穿药品全生命周期

中药质量研究不仅应体现在原辅料质量、生产工艺及设备选择、过程控制与管理、制剂质量标准制定、风险控制与评估等药品生产全过程，还应贯穿于药品全生命周期。应加强药品上市后质量研究，不断提升产品质量，构建符合中药特点的全过程和全生命周期的质量控制体系，保证中药新药质量的可控性和稳定均一。

三、主要内容

（一）药材 / 饮片

药材 / 饮片作为制剂源头，其质量直接影响药品的质量，应加强药材 / 饮片生产全过程质量研究与控制，鼓励应用现代信息技术建立药材 / 饮片的追溯体系。

中药新药用药材 / 饮片的质量控制应参考其系统研究结果，并结合具体品种的药材 / 饮片及其与中间体、制剂的相关性研究结果，确定药材 / 饮片的质

量控制指标及范围，以满足中药新药的质量设计要求。

应关注药材种植养殖、生产、加工、流通、贮藏过程中包括农药残留、重金属及有害元素、真菌毒素等对药材安全性的影响。如处方中含有动物药味，应关注引入病原体的可能性；同时，应关注动物药味中激素、抗生素使用的问题，以及一些药材感染产毒真菌而发生的真菌毒素污染等，必要时建立专门的安全性控制方法；处方若含雄黄、朱砂等矿物药时，还应建立合理的矿物纯度控制指标，并研究其可能在人体溶出被吸收的重金属及有害元素价态对安全性的影响；处方若含毒性药味，应关注其安全性和有效性，必要时制定合理的限量或含量范围。

（二）中间体

中间体研究是中药新药质量研究的重要内容之一，应结合制备工艺特点，研究中间体（如生药粉、浓缩液、浸膏等）的质量，特别是直接用于药物制剂的中间体。根据药品的不同特点，研究其理化性质、化学成分、生物活性等以及与安全性、有效性相关的影响因素。

1. 理化性质

理化性质研究对于中间体的质量控制、后续的制剂研究等具有重要意义。对于化学成分复杂、有效成分不明确的中药复方制剂，应关注中间体整体理化性质研究。

对于液体和半固体，应根据后续制剂的需要和药用物质组成研究情况，从性状、相对密度、pH 值、澄明度、流动性、总固体等质量信息中确定影响药品质量的关键质量属性。

对于直接入药的生药粉，应重点关注其粒度、粒径分布及混合均匀度等。

对于浸膏粉，应对流动性、堆密度、溶解性、吸湿性等进行研究，根据药物本身的性质和后续制剂的要求，确定其关键质量属性。

2. 化学成分

中药的化学成分复杂多样，应根据中药新药的特点，进行有重点的系统化学成分研究。

2.1 复方制剂

复方制剂的质量研究应在中医药理论指导下，结合功能主治、既往使用情况开展系统的化学成分研究。

应重视处方药味化学成分文献研究，了解各种成分的化学类别、结构、含量以及分析测定方法等。

重点关注与中药安全性、有效性相关的化学成分，关注处方中君药、贵细药、毒剧药或用量较大药味的化学成分。

对确定的工艺所得的药用物质进行有针对性的研究，识别关键质量属性。

2.2 从单一植物、动物、矿物等物质中提取得到的提取物及其制剂

由于此类提取物在制备过程中富集了与药效有关的化学成分，应重点系统研究提取物的组成、化学成分含量等，并通过单体成分含量、大类成分含量及指纹 / 特征图谱等多种方式予以充分表征。

还应对提取物中其他成分的种类等进行研究，以保证提取物药用物质基础的稳定均一。

3. 与安全性有关的因素

3.1 内源性毒性成分处方中若含有毒性药味时，应结合毒理学研究结果分析内源性毒性情况，同时还应关注含有与已发现的毒性成分化学结构类似成分的药味，以及与已知毒性药味相同科属的药味。

对于含毒性成分明确的药味时，应建立毒性成分的限量检查方法，明确安全限量或规定不得检出；若毒性成分又是有效成分时，则应根据文献报道和安全性、有效性研究结果制定毒性成分的含量范围（上下限）。

对于含毒性明确但毒性成分尚不明确的药味时，应根据中医药理论和临床传统使用方法，研究确定其安全剂量范围，或开展毒性成分的确定性研究和药用物质毒理的深入研究，加强质量控制。

3.2 外源性污染物

外源性污染物主要包括由药材 / 饮片中引入的农药残留（包括植物生长调节剂及其降解物）、重金属及有害元素、真菌毒素、二氧化硫等，还包括提取加工过程中引入的有机溶剂残留、树脂残留等以及贮藏过程中（如适用）滋

生的微生物。此外，还应关注可能来自设备及其组件的污染。

通过系统研究和分析中间体中所含外源性污染物的情况，对于可能由药材 / 饮片中引入农药残留、重金属及有害元素、真菌毒素的，应分析其在中间体中的保留情况，研究建立必要的检查方法。若提取加工过程中有使用树脂及 / 或有机溶剂时，应研究分析其在中间体中的残留或富集情况，评估安全性风险，并制定合理的控制方法。

4. 生物活性

鼓励开展探索中药新药的生物活性测定研究。建议结合药理学或毒理学研究结果，建立生物活性测定方法以作为常规物理化学方法的替代或补充，提高中药新药的质量评价与功能主治（适应证）、安全性的关联性。

（三）制剂

应根据中药新药特点，在药材 / 饮片、中间体、制剂生产过程以及稳定性等研究基础上，结合药用物质基础研究、安全性和有效性研究结果，开展制剂质量研究，重点关注以下方面：

1. 剂型

剂型是影响中药新药质量的重要因素之一。中药新药一般基于临床使用需求，综合考虑药物处方组成、药用物质的理化性质、不同剂型的载药量、临床用药剂量、患者的顺应性等因素选择给药途径并确定剂型。

中药新药应根据不同剂型特点和要求，研究建立相应的质量控制项目以表征所选剂型的特点。不同类型制剂一般要求可参照《中国药典》制剂通则的规定设定关键控制指标，如口服固体制剂的崩解时限、栓剂的融变时限等。

2. 制剂处方、成型工艺

制剂处方的确定应参考中间体的理化性质、化学成分和生物活性的研究结果，还应结合剂型特点综合考虑中间体的性质、所选辅料的作用及原辅料间的相互作用，研究成型工艺过程对药用物质的影响和质量控制方法。

应关注药用物质在制剂过程中受到溶剂、辅料以及各种加工条件的影响，特别是有效成分、易挥发性成分、热敏性成分、其他不稳定成分在干燥、灭菌过程中由于温度过高或受热时间过长造成的成分损失等质量影响。

应参考药用物质稳定性情况，确定制剂工艺关键控制点和控制目标，以保证药品质量稳定。

3. 微生物控制

药材 / 饮片及其制剂过程中可能会产生微生物污染（包括初级污染、次级污染），应结合处方药味、加工或工艺特点、给药途径、药品特性等情况综合考虑，研究采取适当的微生物控制措施或采用适当的去除微生物的方法（如热压处理、瞬时高温等）。去除微生物的方法应经过验证，并保证其对药用物质基础无明显影响。

对于制剂必须进行微生物检验，其微生物限度取决于剂型和给药途径。微生物限度检查应符合《中国药典》的相关规定。

4. 其他对从单一植物、动物、矿物等物质中提取得到的提取物新药，建议根据剂型的要求开展溶出度研究，建立相应的溶出度检查方法；鼓励对其他类型创新药物根据自身的特点开展相关研究。对于在制剂中含量较少或在制剂处方中占比较少的药用物质，应关注其含量均匀度，并进行相关研究及验证。

（四）质量研究的关联性

1. 与安全性、有效性的关联性

中药新药的质量研究应以保证药品的安全性和有效性为目的，选择针对性的研究方法和质量控制指标，表征中药新药的质量特征。

2. 与工艺研究的关联性

不同制备工艺获得的药用物质及其性质不同，直接影响药品的安全性和有效性。质量研究应贯穿于工艺研究及生产质量控制的全过程，确保生产出质量一致的产品。

3. 与稳定性研究的关联性

稳定性研究也是质量研究的重要内容。稳定性研究的考察指标应能反映药品内在质量变化、反映质量研究的结果。

质量研究应关注制剂中挥发性、热敏性、易氧化等不稳定成分、有效成分的变化，特别应关注毒性成分的变化。应关注生药粉入药、有发酵过程等污染风险较高的药材/饮片及其制剂贮藏期间真菌毒素等污染的变化并进行控制。

1.7 新药中医药理论申报资料、说明书撰写指导原则（征求意见稿）

1.7.1 中药新药复方制剂中医药理论申报资料撰写指导原则（征求意见稿）

（国家药监局药审中心2021年2月4日通知附件1）

关于公开征求《中药新药复方制剂中医药理论申报资料撰写指导原则（征求意见稿）》《古代经典名方中药复方制剂说明书撰写指导原则（征求意见稿）》意见的通知

为贯彻落实《中共中央 国务院关于促进中医药传承创新发展的意见》《中医药法》中提出的改革中药注册管理，完善中药注册分类，加快构建中医药理论、人用经验和临床试验相结合的中药注册审评证据体系要求，充分遵循中药研发规律，鼓励中药新药研发，鼓励来源于古代经典名方的中药复方制剂研发，规范和指导中药新药申报，根据已发布的《中药注册分类及申报资料要求》要求，起草制定了《中药新药复方制剂中医药理论申报资料撰写指导原则（征求意见稿）》和《古代经典名方中药复方制剂说明书撰写指导原则（征求意见稿）》。现在中心网站予以公示，以广泛听取各界意见和建议，欢迎各界提出宝贵意见和建议，并请及时反馈给我们。

征求意见时限为：2021年2月4日–2021年2月18日（15天）。

请将您的反馈意见发至以下联系人：

《中药新药复方制剂中医药理论申报资料撰写指导原则（征求意见稿）》，联系人：张亚欣，联系方式：zhangyaxin@cde.org.cn。

《古代经典名方中药复方制剂说明书撰写指导原则（征求意见稿）》，联系人：安娜，联系方式：anna@cde.org.cn。

国家药品监督管理局药品审评中心

2021年2月4日

古代经典名方中药复方制剂说明书撰写指导原则（征求意见稿）

为贯彻落实《中共中央国务院关于促进中医药传承创新发展的意见》中提出的“改革完善中药注册管理。及时完善中药注册分类，加快构建中医药理论、人用经验和临床试验相结合的中药注册审评证据体系”要求，药审中心按照《中药注册分类及申报资料要求》中临床研究申报资料模块涉及的中医药理论相关内容，组织撰写了《中药新药复方制剂中医药理论申报资料撰写指导原则》。

本指导原则适用于具有中医药理论及人用经验的中药新药复方制剂。中药复方制剂的其他注册申请，如涉及中医药理论申报资料的撰写，可参照本指导原则。

本指导原则是在遵循《中药注册分类及申报资料要求》对中医药理论资料要求的前提下，通过问卷调查等方式广泛征求中医药学界及产业界意见的基础上，结合当前监管需要制定而成，随着实践经验的不断积累和相关法规的更新，本指导原则也将随之更新完善。

一、处方组成及功能主治简述

应规范表述处方组成，功能、主治病证。

处方组成药味名称应与药品拟定质量标准中的规范名称一致，各药味剂量及炮制方法应与药学资料保持一致。中药复方制剂药味或成分的排列顺序需符合中医药的组方原则。

功能表述应使用规范的中医药术语。

主治（适应证）表述应使用规范的中医术语和现代医学疾病术语。需说明处方的具体临床定位，注意区别疾病治疗、对证治疗和症状治疗的表述；区分疾病治疗、症状缓解或减轻、联合用药等不同；说明药物作用特点，如用于缓解急性发作或降低发作频率等。

来源于古代经典名方的中药复方制剂，其功能主治采用中医术语规范表述，主治可以包括中医的病、证和症状。来源于《古代经典名方目录》的中药复方制剂，其功能主治表述应与国家制定的《古代经典名方关键信息考证原则》的功效主治内容一致。

二、中医药理论对主治病证的基本认识

应运用中医药理论阐述主治病证（适应证）的病因病机及治疗方法概况。使用的中医药理论依据应标明出处。来源于古代医籍的，应标明所属的卷、册；来源于现代中医药理论研究或医家论述的，应提供文献或其他相关成果证明等。

三、拟定处方的中医药理论

（一）处方来源及历史沿革

应明确处方来源，并简要说明处方药味、处方药量、剂型、适用人群（主治及人群范围）、用法用量及疗程等的演变情况及依据。可使用文字或参

考下表，描述处方变化情况。

处方名	处方变化情况					变化依据
	药味及药量	剂型	适用人群	用法用量	疗程	
处方 1						
处方 2						

对于来源于古代经典名方的中药复方制剂，应提供处方出处和原文信息，通过文字或列表简述处方源流（各朝代使用情况、历代医评精选），对比申报处方在病因病机、治则治法、主治、药味、剂量等方面与原方的一致性，并给出相应的考据内容。如申报处方在药味基原和炮制方面有变化，应在此处说明。

对于基于古代经典名方加减化裁的中药复方制剂，除上述基本要求外，还应重点阐述加减化裁的具体理由；如来源于多个经典名方，还应阐述其组合使用的缘由，以便为经典名方的确认及人用经验的支持提供依据。

简述处方源流，可参考下表：

序号	朝代	出处	作者	论述内容
1				
2				

对比病因病机、治则治法、主治，可参考下表：

	原文	申报处方	是否一致 （否，请说明理由）
病因病机			
治则治法			
主治			

注：如原文中涉及缺少项，可提供其他论述或研究作为佐证。

对比处方药味名，可参考下表：

	原文药味	现处方药味	考据情况
药味 1			
药味 2			

注：若无古今药味名差异的，可不列此项。

对比剂量情况，可参考下表：

	原文剂量表述	换算成现代剂量	现处方选择剂量	剂量选择依据
药味 1				
药味 2				

（二）方解

方解应以中医药理论为指导，围绕主治病证的病因病机和治则治法，清晰阐释组方原理，体现方证一致。

一般可以采用“君臣佐使”的组方分析理论进行分析：对于君药、臣药、佐药和使药齐备者，方解中应明确君药、臣药、佐药和使药及其配伍原理，说明单味药的功效或多味药相合的功效；对于君药、臣药、佐药和使药难以齐备或确定者，应明确君药及其功效，其他药味至少按其方药作用归类，分清主次，说明配伍原理和功效。

难以采用“君臣佐使”的方式进行方解的，可以采用其他组方配伍分析方法。

此外，均应总结全方的功效和配伍特点。

对于含有贵细药材、濒危药材的，应在此处说明其使用的必要性；含有特殊炮制工艺的，可在此处表明中医药理论的支持依据。

（三）用法用量

用法应明确给药途径、给药方式、给药时间等。属中医特色的用法（如药引、穴位给药等），应说明理由及依据。

用量须根据人用经验或临床实践的结果说明临床推荐使用的剂量或常用的剂量范围，给药间隔及疗程。应准确地列出用药的剂量、计量方法、用药次数，并应特别注意用药剂量与制剂规格的关系。

来源于古代经典名方的中药复方制剂，应说明用法用量确定的依据。

四、处方功能主治确定的理论依据

结合中医药理论对主治病证（适应证）的普遍认识及处方情况，对处方进行综合评价，分析说明处方功能主治确定的理论依据，可依据组方配伍法则与所治疗疾病病因病机契合度、处方传承来源是否清晰等方面进行阐述。

五、处方安全性分析

（一）用药剂量

列明处方中各药味的日用量，及其在国家或地方标准中的剂量范围。可参考下表：

药味名	日用量	标准中用量	引用标准出处
处方药味 1			
处方药味 2			

（二）配伍禁忌及毒性药味

说明处方中是否含有中药传统配伍禁忌（十八反、十九畏）。明确处方是否含已有标准中标注具有毒性的药味。同时，如涉及现代药理毒理研究或临床应用发现有安全性风险的药味，也建议一并列出。

（三）使用处方时注意事项

根据中医药理论及处方特点，使用现代语言规范表述基于中医病证或体质等因素需要慎用、禁用者；妊娠、哺乳期等特殊情况下的禁忌；在饮食以及与其他药物同时应用等方面的注意事项。如有药后调护，应当予以明确。

六、和已有国家标准或药品注册标准的同类品种的比较

与已上市组方类同、功能主治一致的品种进行对比，说明处方的特点。

七、参考文献

应以参考文献标准格式列明参考文献。

八、附件

所依据的中医药理论如有现代研究文献或研究成果支持，应在此处提供相关附件；如有古代医籍支持，可在此处提供原文。

1.7.2 古代经典名方中药复方制剂说明书撰写指导原则（征求意见稿）

（国家药监局药审中心2021年2月4日通知附件2）

为贯彻落实《中华人民共和国中医药法》《中共中央 国务院关于促进中医药传承创新发展的意见》，根据《中药注册分类及申报资料要求》将中药注册分类中的第三类古代经典名方中药复方制剂细分为“3.1 按古代经典名方目录管理的中药复方制剂”及“3.2 其他来源于古代经典名方的中药复方制剂”的要求，为体现古代经典名方的特点，规范古代经典名方中药复方制剂说明书撰写格式和内容，特制定《古代经典名方中药复方制剂说明书撰写指导原则》（以下简称《撰写指导原则》）。

本指导原则是在遵循《中药注册分类及申报资料要求》对古代经典名方中药复方制剂资料要求的前提下，广泛征求了中医药学界及产业界意见的基础上，结合当前监管需要制定而成，随着实践经验的不断积累和相关法规的更新，本《撰写指导原则》的要求也将随之更新完善。

一、古代经典名方中药复方制剂说明书撰写的特殊考虑

本《撰写指导原则》围绕古代经典名方中药复方制剂说明书的特殊考虑和规范进行阐述，说明书的其他部分内容和要求同《药品说明书和标签管理规定》（国家食品药品监督管理局令第 24 号），中药、天然药物处方药撰写指导原则的相关要求。

根据《国家药监局关于发布 < 中药注册分类及申报资料要求 > 的通告》（2020 年第 68 号）要求，按古代经典名方目录管理的中药复方制剂应与国家发布的相关信息一致。

根据古代经典名方中药复方制剂的特点，古代经典名方中药复方制剂说

明书需特殊考虑的项目和内容撰写规范如下：

根据《国家药品监督管理局关于发布古代经典名方中药复方制剂简化注册审批管理规定的公告》（2018 年第 27 号）第十七条规定“经典名方制剂的药品说明书中须明确本品仅作为处方药供中医临床使用”的要求，在说明书标题下方注明“本品仅作为处方药供中医临床使用”。

【警示语】

除《中药、天然药物药品说明书撰写原则》规定的警示语内容外，还应认真核对处方中是否含有国家规定的兴奋剂相关物质，如含有，在警示语中注明“运动员慎用”。

【处方组成】

应包括完整的处方药味和现拟定日用药剂量折合每味药日用生药量。

【处方来源】

对于按古代经典名方目录管理的中药复方制剂，以国家制定的《古代经典名方关键信息考证原则》的处方出处表述，其中已发布的古代经典名方目录（第一批）出处中包括古籍和原文信息，应一并写入说明书。

对于未按古代经典名方目录管理的古代经典名方中药复方制剂，明确处方出处和原文信息诠释。

对于基于古代经典名方加减化裁的中药复方制剂，明确所基于的古代经典名方出处和原文信息诠释。

【功能主治】

应根据处方组成和剂量、中医药理论等，用中医药术语规范表述。主治可以包括中医的病、证和症状。按古代经典名方目录管理的中药复方制剂以国家制定的《古代经典名方关键信息考证原则》和《古代经典名方关键信息表》的功能主治内容表述。

【用法用量】

应根据处方药味、主治病证、中医临床实践数据，确定合理的用药方法、剂量、用药次数、疗程等。

按古代经典名方目录管理的中药复方制剂以国家制定的古代经典名方关

键考证信息中的用法用量为依据，并符合现代中医临床实际的使用方法和剂量，保证临床用药安全。

对于其他来源于古代经典名方的中药复方制剂，应基于中医临床实践确定用法用量。

【功效主治的理论依据】

【方解】

应提供处方方解。

方解应以中医药理论为指导，围绕主治病证的病因病机和治则治法，用规范的中医术语清晰、简明阐释组方原理，体现方证一致。

具体撰写方法可参照《中药新药复方制剂中医药理论申报资料撰写技术指导原则》的相关要求。

【化裁依据】

对于基于古代经典名方加减化裁的中药复方制剂，清晰说明化裁依据。

【历代医评】

对于按古代经典名方目录管理的中药复方制剂或未按古代经典名方目录管理的古代经典名方中药复方制剂，精选出该经典名方自问世以来，对后世具有深远影响、能有效指导临床应用、与原方原文观点一致、最具代表性的清代及以前的医籍对该方的评述。所列评述应包括朝代、作者、医籍名称、书卷号、具体内容等信息。

对于按古代经典名方目录管理的中药复方制剂，注明：本品已列入《古代经典名方目录（第 × 批）》，处方符合《中华人民共和国中医药法》规定的“至今仍广泛应用、疗效确切、具有明显特色与优势的古代中医典籍所记载的方剂”。

【中医临床实践】

中医临床实践指用于支持其他来源于古代经典名方的中药复方制剂上市的关键性中医临床实践总结。

简要说明对拟定功能主治有充分支持作用的临床实践情况，包括是文献资料还是既往临床应用总结，研究时间、研究单位、样本量、研究类型及设计、处方、剂型等。

可描述为：支持上市的关键证据来源于 ××（完整的参考文献格式）文献资料 / 既往临床应用总结。本品于 ×× 年 × 月在 ×× 单位进行了 ×× 例临床研究。可描述研究的概况，如单药还是在常规治疗的基础上加载治疗等。

【不良反应】

列出该方在古籍记载和临床实践中的不良反应。

该经典名方制剂上市后，上市许可持有人应根据本品上市后的不良反应监测数据及时更新此项内容。

【禁忌】

除了中药说明书的一般要求外，还应包括古代医籍记载的相关禁忌内容，以及根据处方特点分析得到的用药禁忌和不可误用的情形等。

【注意事项】

除了中药说明书的一般要求外，还应包括古代医籍记载的相关使用注意的内容。此外，应根据处方组成、中医药理论、中医临床实践和功能主治等，从中医证候、病机或体质等方面，明确需要慎用者以及饮食、特殊人群（运动员、妊娠、哺乳期妇女、老人、儿童等）、配伍等方面与药物有关的注意事项以及慎用的内容。如需药后调护的，也应明确。应使用现代语言以通俗易懂的表达语句进行撰写。

二、古代经典名方中药复方制剂说明书格式

核准日期

修改日期

特殊用药 标识位置

XXX说明书

本品仅作为处方药供中医临床使用

警示语

【药品名称】

通用名称：

汉语拼音：

【处方组成】

【处方来源】

【功能主治】

【性状】

【规格】

【用法用量】

【功能主治的理论依据】

【方解】

【化裁依据】

【历代医评】

【中医临床实践】

【非临床安全性研究】

【不良反应】

【禁忌】

【注意事项】

【贮藏】

【包装】

【有效期】

【执行标准】

【批准文号】

【上市许可持有人】

企业名称：

生产地址：

邮政编码：

电话号码：

传真号码：

注册地址：

网址：

【生产企业】

企业名称：

生产地址：

邮政编码：

电话号码：

传真号码：

注册地址：

网址：

1.8 药品审评中心补充资料工作程序(试行)

（国家药监局药审中心2020年第42号通告附件）

国家药监局药审中心关于发布《药品审评中心补充资料工作程序（试行）》的通告

（2020年第42号）

为配合《药品注册管理办法》的贯彻实施，进一步规范药品注册审评补充资料管理工作，结合药品审评以流程为导向的科学管理体系的研究成果和审评工作实际，药审中心研究制定了《药品审评中心补充资料工作程序（试行）》，现予以发布。

本程序自2020年12月1日起施行，本工作程序中附件《药品审评书面发补标准（试行）》将在后续工作中不断进行增补和更新。

特此通告。

国家药品监督管理局药品审评中心

2020年11月23日

药品审评中心补充资料工作程序（试行）

第一章　总　则

第一条　为规范药品注册审评补充资料管理工作，明确补充资料的依据和要求，提高申请人补充资料的质量和效率。根据《药品注册管理办法》第八十七条的规定，制定本程序。

第二条 国家药品监督管理局药品审评中心（以下简称药审中心）根据审评需要，通知药品注册申请人（以下简称申请人）在原申报资料基础上补充新的技术资料的（以下简称发补），或仅需要申请人对原申报资料进行解释说明的，适用本程序。

第三条 药审中心通过发补前的专业审评问询和发补后的补充资料问询程序，请申请人进行解释说明或提供相关证明性材料，主动与申请人进行沟通交流，提高补充资料的质量和效率。

第四条 补充资料过程中应当遵循依法、科学、公正、公平、及时、准确的原则。

第二章 专业审评问询

第五条 药审中心在专业审评期间或综合审评期间，专业主审或主审报告人在充分审评基础上对申报资料有疑义或认为内容存在问题，经审评部门负责人审核后，通过药审中心网站向申请人发出“专业审评问询函”，告知申请人存在问题的具体内容、依据和要求等，并要求在5个工作日内进行解释说明或书面回复。

审评部门在审评过程中对需要发补的问题应发送“专业审评问询函”提前告知申请人。但“专业审评问询函”并不是正式书面补充资料通知，也不代表最终审评决策意见，审评计时不暂停。

第六条 药审中心通过“专业审评问询函”告知申请人以下信息：

1）无须开展研究即可提供的证明性材料；

2）不需要补充新的技术资料，仅需要对原申报资料进行解释说明；

3）审评认为可能需要补充完善的缺陷问题。

第七条 申请人应在“专业审评问询函”发出5个工作日内进行解释说明或书面回复。对于需要书面回复的，申请人应在5个工作日内进行电子提交，同时在时限内寄出与电子版一致的纸质版资料，通过药审中心网站下载打印“专业审评问询函”作为接收补充资料及纳入档案的依据。

第三章　正式发补、发补咨询和异议程序

第八条　在审评过程中需要申请人在原申报资料基础上补充新的技术资料的，结合“专业审评问询函”的答复情况，根据《药品注册管理办法》规定，药审中心原则上提出一次补充资料要求，列明全部问题后，以书面方式通知申请人在80个工作日内补充提交资料。

第九条　申请人应在80个工作日内一次性按要求提交全部补充资料，补充资料时间不计入药品审评时限。

第十条　药审中心收到申请人全部补充资料后启动审评，审评时限延长三分之一；适用优先审评审批程序的，审评时限延长四分之一。

第十一条　申请人对发补要求有疑问，可在接到书面补充资料通知10个工作日内通过药审中心网站按“发补资料相关问题”提出一般性技术问题咨询申请，由项目管理人员协调适应证团队在15个工作日内以书面或会议方式完成答复，需要召开会议的，原则上以电话会议形式进行。

第十二条　申请人对发补咨询的答复仍有异议的，可在收到答复意见之日起10个工作日内通过药审中心网站提出异议意见，异议意见应列明理由和依据。

第十三条　药审中心收到申请人的异议意见后，应在15个工作日内组织相关专业技术委员会议进行综合评估。

第十四条　药审中心经综合评估，认为需要调整发补要求的，应在3个工作日内重新进行技术审评，并将调整结果通过药审中心网站告知申请人。

第十五条　药审中心经综合评估，认为不需要调整发补要求的，在3个工作日内通过药审中心网站告知申请人不同意发补异议事项的理由和依据。

第四章　补充资料问询

第十六条　药审中心收到全部补充资料后，审评部门对补充资料有疑义

或认为内容存在问题，原则上不再发补。各专业主审起草“补充资料问询函”，对未达到发补通知要求或未完全响应发补通知内容的说明理由和依据，如仍需补充新的技术资料的，则建议申请人主动撤回申请事项并说明理由。经审评部门负责人审核后，通过药审中心网站发出“补充资料问询函”告知申请人，审评时限不暂停。

第十七条 申请人在“补充资料问询函”发出5个工作日内对补充资料进行解释说明或主动撤回申请事项。如申请人未答复“补充资料问询函”或不同意撤审时，药审中心将基于已有申报资料视情况作出不予批准审评结论并进行公示。申请人可按照《药品注册审评结论异议解决程序（试行）》提出异议。

第十八条 对创新药及指导原则未规定的新的安全性指标等，药审中心可根据审评需要和与申请人的沟通情况再次发补。

第五章 发补时限到期提醒和终止审评

第十九条 药审中心网站将增加补充资料时限到期提醒功能，在补充资料通知要求时限到期前的第5个工作日发出时限到期提醒，提醒申请人按时补充资料。

第二十条 申请人未能在规定时限内提交补充资料的情形，药审中心业务管理处将按照《药品注册管理办法》第九十二条第（四）款不予批准情形办理终止审评程序。

第六章 附 则

第二十一条 药审中心业务管理处按照发补要求和接收资料标准，对补充资料完整性进行审查，对于超出发补要求和问询函要求范围的资料将不予接收。

第二十二条 申请人在终止审评后如需重新提出注册申请的应提前与药

审中心进行沟通交流，并在申报资料中说明资料完善情况和上次审评结论。

第二十三条　本程序自2020年12月1日起施行。

附：1. 药品审评书面发补标准（试行）

2. 专业审评问询函、补充资料通知、补充资料问询函模板

附 1

1.8.1 药品审评书面发补标准（试行）

为统一发补要求的规范性和必要性，严控审评过程中发补次数，根据《药品注册管理办法》相关规定和药品技术审评工作实际，药审中心经研究讨论，现制定审评发补标准如下：

1. 根据申报资料相关要求，申报资料前后矛盾或不一致、不清晰、文件不规范的；

2. 根据法律法规和技术要求，研究设计、试验过程和数据分析等存在缺陷或不完善的；

3. 研究设计和数据分析等存在与当前科学认知和共识存在差异或存疑的；

4. 质量标准、说明书、制造及检定规程、生产工艺信息表等关键内容的撰写经审评认为需要重大修改的；

5. 对重要的安全性及有效性结果的补充分析；

6. 审评过程中受到相关法律法规、技术指导原则更新，审评认为需要补充药物安全性、有效性或质量可控性有关资料的；

7. 风险控制计划的重大问题；

8. 品种立题依据不充分，需要进一步提供资料的，如临床定位不明确；

9. 原料药、辅料和包材未按现行关联审评审批要求执行而需要发补的，如未按照公告要求进行登记或未在药品制剂申请中同时提交原辅包资料，没有提供授权书与药品制剂进行关联，原辅包的给药途径不满足制剂给药途径等；

10. 有必要进行样品检验、现场检查、器械关联审评但未进行的，或生产检验、现场检查、器械关联审评中发现问题需要补充资料的；

11. 审评过程中产品发生重大安全事故或审评过程中发现存在重大安全风险的问题；

12. 有因举报需要补充资料的；

13. 审评过程中产品关联的原辅包发生变更的，或原辅包发现的问题需要在制剂审评中通过发补解决的；

14. 审评过程中需要收集更多的稳定性数据以支持产品有效期的。

15. 经与申请人沟通后，审评认为确需发补，且在公开的发补标准中尚未规定的，经部门技术委员会研究后，提交中心分管主任审核同意，并更新中心发补标准对外发布后方可执行。

附 2

1.8.2 专业审评问询函、补充资料通知、补充资料问询函模板

一、专业审评问询函模板

XX 专业审评问询函

（小三宋体加粗）

[单位名称]：（小四宋体，行距 20 磅）

我部门对贵单位申报的 [药品名称]（受理号为 [受理号]）品种的申报资料进行了认真审评，认为尚存在可能影响审评决策的问题，兹将有关事宜告知贵单位，请及时关注。

内容要素（示例）：

1. 请提交以下证明性材料，具体名称和要求如下：

1）……

2）……

3）……

2. 请解释说明……（不需要补充新的技术资料，仅需要申请人对原申报资料进行解释说明，审评人员应说明理由和依据）；

3. 请知悉以下事项……（审评人员认为应该发补的情形，应提前告知申请人审评认为可能需要补充完善的缺陷问题，该部分不需要申请人在问询阶段回复资料，待正式发补通知后提交）。

[补充资料要求]

上述资料请于　　年　　月　　日前（自本通知印发之日起，5个工作日内）通过申请人之窗进行解释说明或电子提交，同时在要求时限内寄出与电子版一致的纸质版资料2套）、纸质版资料与电子提交一致的承诺书、纸质版资料目录等。

请贵单位逐条回复每一项需要补充的内容，补充的内容详尽，并能够清楚阐述需要说明的问题。

问询期间审评计时不暂停，如超时未答复，本次问询自动关闭，问询内容仅代表本部门审评意见，最终意见以正式发补通知为准。

专业部门

年　　月　　日

二、补充资料通知模板

[邮编]（二号加粗）　　　　　[受理号]（四号加粗）

[单位地址]（小四宋体）

[单位名称] 收

补 充 资 料 通 知（小三宋体加粗）

药审补字【XXX】第 XXXX 号

[单位名称]:（小四宋体，行距 20 磅）

我中心对贵单位申报的 [药品名称]（受理号为 [受理号]）品种的申报资料和前期补充资料进行了认真审评，认为尚需做如下补充，以完善该品种有关安全性、有效性或 / 和质量控制的要求。兹将有关内容通知如下：

内容要素（示例）：

1. 存在的问题，标明所在章节、页码、表格等，并按重要程度排序；

2. 目前申报资料不能充分解决问题的原因；

3. 阐明能够支持审评立场的科学依据；

4. 明确申请人需提供的补充信息或解决问题的建议；

[补充资料要求]

上述资料请于　　年　　月　　日前一式三份，一次性按要求将全部补充资料提交我中心。逾期未提交补充资料的，我中心将按照《药品注册管理办法》第九十二条第（四）款不予批准。

请贵单位逐条回复每一项需要补充的内容，无论是需补充的文献资料还是需补充的实验性工作，均应做到补充项目完整、齐全；补充的内容详尽有条理，能够清楚阐述需要说明的问题。在你单位准备上述相关资料时，请务必认真阅读本通知所附的“注意事项”（请见背面），并按要求准备和提交补充资料。

如你单位对本通知所要求补充的内容有异议，请参照《药品注册审评一般性技术问题咨询管理规范》，通过“申请人之窗”提出咨询申请，并提供明确、具体理由，你单位的咨询申请将会受到充分的重视。

特此通知

业务章

年　　月　　日

注 意 事 项（三号宋体加粗）

（以下正文为小四宋体，行距 1.5 倍。）

为避免因提交补充资料的不规范而延误您药品注册申请的进度，请您在根据我中心补充资料通知的要求补充相关资料时，注意以下事项：

一、各项补充资料请一律使用国家标准（质量 80g）A4 型纸，均须由申报单位和试验完成单位在封面骑缝处盖章。

二、您所提交的三套补充资料，应根据现行要求的体例格式整理，分别装入文件袋中，其中至少应有一套原件（加盖印章的实件）。

三、文件袋的正面应注明：受理号、品名、申报单位，并标注原件、复印件。文件袋中资料的顺序为：补充资料通知复印件（如涉及检验部门复核，须提交送检凭证加盖检验部门公章）、提交资料说明及声明（加盖公章）、资料目录、技术资料（按补充资料通知中各项意见的顺序排列）。

四、补充资料的接收时间为每周一至周五，上午 9:00—11:30；周一、二、四，下午 13:00—16:30；为方便申报者，上述资料亦可采用邮寄方式提交，如您愿意采用邮寄方式，请务必特别注意以下事项：

（1）请严格按照补充通知的内容要求提交补充资料，对于您在寄交补充资料时，一并提交的其他超出通知内容的资料，基于注册管理的一般要求，我们不予接收，并因人力所限，该部分资料不予退回，由我中心统一做销毁处理。

（2）为保证邮寄资料安全、及时送达中心，请尽可能以特快专递的方式邮寄，并注明业务管理处收。补充资料的提交时间以寄发邮戳为准，我中心收到并确认符合有关要求后即启动审评任务。

（3）为便于及时反馈接收情况，邮寄资料时，请在邮件中准确注明以下信息：单位名称、联系人、联系电话、传真等。

（4）上述补充资料一经我中心正式接收，即可在我中心网站进度查询栏目查询回执情况，如有需要请自行打印，我中心不再寄发书面回执。

五、自本通知印发之日起 15 个日历日将视作收到日期。

六、如对本注意事项内容有不明之处，可来电垂询我中心业务管理处。

三、补充资料问询函模板

补充资料问询函（小三宋体加粗）

[单位名称]：（小四宋体，行距 20 磅）

我部门对贵单位申报的 [药品名称]（受理号为 [受理号]）品种的补充资料进行了认真审评，认为所提交的补充资料未能完全说明补充通知的要求，需贵单位进一步解释说明，兹将相关事宜告知如下：

内容要素（示例）：

1.（审评认为对补充资料内容有疑义）

2.（审评认为补充资料未达到发补通知要求或未完全响应发补通知内容，并说明理由和依据）

3.（审评认为仍需补充新的技术资料的，建议申请人主动撤回申请事项并说明理由。）

……

[解释说明要求]

上述事宜请于　　年　　月　　日前（自本通知印发之日起，5 个工作日内）通过申请人之窗书面回复，中心将不再接收任何补充资料。

请贵单位逐条回复每一项需要解释说明的内容，内容详尽，并能够清楚阐述需要说明的问题。问询期间审评计时不暂停，如超时未答复本次问询自动关闭。

专业部门

年　　月　　日

声明（模板）

1. 所提交的补充资料完整、齐全，且无超出补充资料通知要求的内容。

2. 所提交的补充资料与目录内容完全一致，译文准确。

3. 所提交的复印件与原件内容完全一致。

4. 所提交的电子文件与纸质文件内容完全一致。

5. 所提交的证明性文件遵守当地法律、法规的规定。

6. 保证按要求在国家药品监督管理局药品审评中心网站及时上传相关电子资料。

7. 如有虚假，申请人本单位愿意承担相应法律责任。

负责人/注册代理机构负责人（签字）申请人/注册代理机构负责人（公章）

年　　月　　日

1.9 药物研发与技术审评沟通交流管理办法

第一章 总 则

第一条 为加强对药物研发与技术审评沟通交流工作的管理，规范申请人与国家药品监督管理局药品审评中心（以下简称药审中心）之间的沟通交流，根据《中华人民共和国药品管理法》《药品注册管理办法》等有关规定，制定本办法。

第二条 本办法所指的沟通交流，系指在药物研发与注册申请技术审评过程中，申请人与药审中心审评团队就现行药物研发与评价指南不能涵盖的关键技术等问题所进行的沟通交流。

沟通交流会议经申请人提出，由药审中心项目管理人员（以下简称项目管理人员）与申请人指定的药品注册专员共同商议，并经药审中心审评团队同意后召开。

第三条 沟通交流的形式包括：面对面会议、视频会议、电话会议或书面回复。鼓励申请人与药审中心通过电话会议沟通。沟通交流的提出、商议、进行，以及相关会议的准备、召开、记录和纪要等均应遵守本办法。

第四条 本办法规定的沟通交流会议适用于中药、化学药和生物制品研发过程和注册申请技术审评中的沟通交流。

第五条 申请人与审评团队在沟通交流过程中可就讨论问题充分阐述各自观点，形成的共识可作为研发和评价的重要参考。

第二章 沟通交流会议类型

第六条 沟通交流会议分为Ⅰ类、Ⅱ类和Ⅲ类会议，就关键阶段重大问题进行沟通交流。

（一）Ⅰ类会议，系指为解决药物临床试验过程中遇到的重大安全性问题和突破性治疗药物研发过程中的重大技术问题，或其他规定情形，而召开的会议。

（二）Ⅱ类会议，系指为药物在研发关键阶段而召开的会议，主要包括下列情形：

1. 新药临床试验申请前会议。为解决首次递交临床试验申请前的重大技术问题，对包括但不限于下述问题进行讨论：现有研究数据是否支持拟开展的临床试验；临床试验受试者风险是否可控等。申请人准备的沟通交流会议资料应包括临床试验方案或草案、已有的药学和非临床研究数据及其他研究数据的完整资料。

2. 药物Ⅱ期临床试验结束 / Ⅲ期临床试验启动前会议。为解决Ⅱ期临床试验结束后和关键的Ⅲ期临床试验开展之前的重大技术问题，对包括但不限于下述问题进行讨论：现有研究数据是否充分支持拟开展的Ⅲ期临床试验；对Ⅲ期临床试验方案等进行评估。

3. 新药上市许可申请前会议。为探讨现有研究数据是否满足药品上市许可的技术要求，对包括但不限于下述问题进行讨论：现有研究数据是否支持药品上市许可的技术要求。

4. 风险评估和控制会议。为评估和控制药品上市后风险，在许可药品上市前，对药品上市后风险控制是否充分和可控进行讨论。

（三）Ⅲ类会议，系指除Ⅰ类和Ⅱ类会议之外的其他会议。

第七条 申请人有以下情形的，可根据拟开展研究或申报情形，对照上述Ⅱ类会议的规定提出相应类别的沟通交流。

（一）申请附条件批准和 / 或适用优先审评审批程序的，应与药审中心沟通交流确认后，方可向国家药品监督管理局递交药品上市许可申请。

（二）首次新药临床试验申请前，申请人原则上应当向药审中心提出沟通交流会议申请，并在确保受试者安全的基础上，确定临床试验申请资料的完整性、实施临床试验的可行性。

对于技术指南明确、药物临床试验有成熟研究经验，申请人能够保障申报资料质量的，或国际同步研发的国际多中心临床试验申请，在监管体系完善的国家和/或地区已获准实施临床试验的，申请人可不经沟通交流直接提出临床试验申请。

（三）预防用、治疗用生物制品上市许可申请前，申请人原则上应当向药审中心提出沟通交流会议申请。

（四）药物临床试验过程中，包括药物Ⅱ期临床试验结束/Ⅲ期临床试验启动前，药品上市许可申请前等关键阶段，申请人可以向药审中心提出沟通交流会议申请。

（五）其他规定的Ⅱ类会议情形。

申请人有以下情形的，可根据拟开展研究或申报情形，对照上述Ⅲ类会议的规定提出相应类别的沟通交流。

（一）拟增加新适应证以及增加与其他药物联合用药的临床试验申请，申请人应结合新适应证以及与其他药物联合用药特点，在已有数据基础上开展相应的研究，必要时可与药审中心沟通交流。

（二）临床急需或治疗罕见病的药物研发过程中的关键技术问题，申请人可提出沟通交流申请。

（三）复杂仿制药、一致性评价或再评价品种的重大研发问题（参比制剂的选择、生物等效性的评价标准等），申请人可提出沟通交流申请。

（四）复杂的重要非临床研究（致癌性研究等）的设计方案，申请人可提出沟通交流申请。

（五）审评过程中，申请人收到问询式沟通交流、发补通知后，认为存在技术分歧的，以及对综合评估结果仍有异议的，可提出沟通交流申请。

（六）对前沿技术领域药物，申请人可在研发过程中提出沟通交流申请。

（七）药品上市后发生变更的，特别是生物制品、中药，持有人可就变更类别、支持变更的研究事项、上市后变更管理方案等现行法规和指导原则没有涵盖的问题提出沟通交流。

（八）临床试验期间，对于安全性评估及风险管理存在问题的，申请人可提出沟通交流申请。

（九）上市后临床试验设计等其他情形。

第三章　沟通交流会议的提出与商议

第八条　召开沟通交流会议应符合以下基本条件：

（一）提交的《沟通交流会议申请表》（附1）和《沟通交流会议资料》（附2）应满足本办法要求；

（二）《沟通交流会议资料》应与《沟通交流会议申请表》同时提交；

（三）参加沟通交流会议人员的专业背景，应当满足针对专业问题讨论的需要。

第九条　符合上述沟通交流条件的，申请人应通过药审中心网站“申请人之窗”提交《沟通交流会议申请表》和《沟通交流会议资料》，申请时应注明沟通交流的形式。

第十条　项目管理人员收到沟通交流会议申请后，应在申请后3日内按上述要求完成初步审核，存在资料不全等不符合情形的，直接终止沟通交流申请；符合要求的，送达相关专业审评团队。

经审评团队审核，认为会议资料不支持沟通交流情形的，直接终止沟通交流申请。

第十一条　确定召开沟通交流会议的，项目管理人员需在确定会议日期后5日内通过“申请人之窗”告知申请人，包括日期、地点、注意事项、需进一步提交会议讨论的资料，以及药审中心拟参会人员等信息。

第十二条　有以下情形的，不能召开沟通交流会议：

（一）拟沟通交流的问题，还需要提供额外数据才具备沟通交流条件的；

（二）申请人参会人员专业背景，不能满足沟通交流需要，无法就技术问题进行沟通的；

（三）不能保证有效召开会议的其他情形。

不能召开沟通交流会议的，项目管理人员应当通过“申请人之窗”说明具体原因。申请人需在完善相关工作后，另行提出沟通交流。

第十三条 确定召开沟通交流会议的，Ⅰ类会议一般安排在申请后 30 日内召开，Ⅱ类会议一般安排在申请后 60 日内召开，Ⅲ类会议一般安排在申请后 75 日内召开。

第四章 沟通交流会议的准备

第十四条 申请人应按照《沟通交流会议资料》要求通过“申请人之窗”提交电子版沟通交流会议资料。

第十五条 为保证沟通交流会议质量和效率，会议前药品注册专员应与项目管理人员进行充分协商，确认时间、地点、议程等信息。药审中心参会人员应在沟通交流会议前对会议资料进行全面审评，并形成初步审评意见。

第五章 沟通交流会议的召开

第十六条 沟通交流会议由药审中心工作人员主持，依事先确定的会议议程进行，对会前提出的拟讨论问题逐条进行讨论，过程中提出新的会议资料、产生的发散性问题和临时增加的新问题原则上不在沟通交流范围内。一般情况下，沟通交流会议时间为 60 ～ 90 分钟内。

第十七条 会议纪要应按照《沟通交流会议纪要模板》（附 3）要求撰写，对双方达成一致的，写明共同观点；双方未达成一致的，分别写明各自观点。会议纪要最迟于会议结束后 30 日内定稿，鼓励当场形成会议纪要。会议纪要由项目管理人员在定稿后 2 日内上传至沟通交流系统，申请人可通过申请人之窗查阅。会议纪要主要包括会议共识和会议分歧两部分内容，并作为重要文档存档。

第十八条 药审中心必要时可对会议进行全程录音、录像，作为工作档案存档备查。申请人及其他参会人员未经许可，不得擅自录音、录像、拍照等。对涉及申请人商业秘密和技术秘密的，药审中心应依法予以保密。

第六章 沟通交流会议的延期或取消

第十九条 确定召开会议的，存在下列情形之一的，会议延期：

（一）关键参会人员无法按时参会的；

（二）其他不可抗力因素等。

一般情况下，会议延期的决定应在会议召开前至少 5 日告知申请人。会议延期由项目管理人员与药品注册专员商议，一般延期时间不应超过 2 个月。因申请人原因超过 2 个月的，视为不能召开会议，申请人需另行提出沟通交流。

第二十条 确定召开会议的，存在下列情形之一的，会议取消：

（一）申请人提出取消会议并经药审中心同意的；

（二）申请人的问题已得到解决或已通过书面交流方式回复的。

一般情况下，会议取消的决定应在会议召开 5 日前告知申请人。

第七章 附 则

第二十一条 申请人需要对一般性技术问题进行核实或咨询时，可以通过“申请人之窗”一般性技术问题咨询平台、电话、传真、邮件等形式与项目管理人员进行沟通交流。一般性技术问题的咨询，不对药物研发与技术审评过程中关键性技术问题进行讨论。

第二十二条 申请人在提交药品注册申请时，应指定 1 ～ 2 名药品注册专员，并提供药品注册专员的姓名、电话等具体信息和联系方式，药品注册专员专门负责药品注册事宜。申请人应通过药品注册专员与药审中心进行沟通，项目管理人员也仅与申请人指定的药品注册专员进行接洽。如果药品注册专员发生变更，申请人应及时通过“申请人之窗”进行更新。

第二十三条 药审中心在审评过程中根据需要提出沟通交流的，参照本办法相关规定执行，由项目管理人员与药品注册专员商议，确定沟通交流会议时间、议程和资料要求等。

第二十四条 用于沟通交流的会议资料，应归入申报资料作为审评依据。提交药品注册申请之前的会议重要资料，如《沟通交流会议资料》《沟通交流会议申请表》、会议纪要等，由申请人归入申报资料一并提交；审评过程中的会议资料，由药审中心归入申报资料。

第二十五条 药审中心工作人员应严格执行本办法，不得通过本办法规定之外的其他方式与申请人私下接触，特殊情况需经药审中心批准。

第二十六条 本办法中规定的期限以工作日计算。

第二十七条 本办法自发布之日起施行。2018 年 9 月 30 日发布的《药物研发与技术审评沟通交流管理办法》（2018 年第 74 号通告）同时废止。2018 年 7 月 27 日发布的《调整药物临床试验审评审批程序》中与本办法沟通交流要求不一致的，以本办法为准。

附：1. 沟通交流会议申请表

2. 沟通交流会议资料

3. 沟通交流会议纪要模板

附 1

沟通交流会议申请表

一、药物研发基本情况

1. 申请人

2. 药品名称

3. 受理号（如适用）

4. 化学名称和结构（中药为处方）

5. 拟定适应证（或功能主治）

6. 剂型、给药途径和给药方法（用药频率和疗程）

7. 药物研发策略，包括药物研发背景资料、药物研制计划、研发过程的简要描述和关键事件、目前研发状态等。

二、会议申请具体内容

1. 会议类型：Ⅰ类、Ⅱ类或Ⅲ类。

2. 会议分类：如临床试验申请前会议、Ⅱ期临床试验结束 / Ⅲ期临床试验启动前会议、药品上市许可申请前会议或风险评估和控制会议等。

3. 会议形式：面对面会议、视频会议、电话会议或书面回复。

4. 会议目的：简要说明。

5. 建议会议日期和时间：请提供 3 个备选时间。

6. 建议会议议程：包括每个议题预计讨论的时间（一般情况下，所有议题讨论时间应控制在 60 分钟以内）。

7. 申请人参会名单：列出参会人员名单，包括职务、工作内容和工作单位。如果申请人拟邀请专家和翻译参会，应一并列出。

8. 拟讨论问题清单：建议申请人按学科进行分类，包括但不限于从药学、药理毒理和临床等方面提出问题，每个问题应该包括简短的背景解释，该问题提出的目的及申请人对该问题的意见。一般情况下，一次会议拟讨论的问题不应超过 10 个。

附 2

沟通交流会议资料

1. 讨论问题清单：申请人最终确定的问题列表。建议申请人按学科进行分类，包括但不限于从药学、药理毒理和临床等方面提出问题，每个问题应该包括简短的背景解释和该问题提出的目的。

2. 支持性数据总结：按学科和问题顺序总结支持性数据，如药学、非临床和临床等。

支持性数据总结，应当用数据说明相关研究、结果和结论。以Ⅱ期临床试验结束会议为例，临床专业总结应包括下述内容：（1）应提供已完成的临床试验的简要总结，包括数据、结果与结论，同时应包括重要的剂量效应关系信息，一般情况下不需要提供完整的临床试验报告；（2）应对拟开展的Ⅲ期临床试验方案进行详细说明，以确认临床试验的主要特征，如临床试验受试者人群、关键的入选与排除标准、临床试验设计（如随机、盲法、对照选择，如果采用非劣效性试验，非劣效性界值设定依据）、给药剂量选择、主要和次要疗效终点、主要分析方法（包括计划的中期分析、适应性研究特征和主要安全性担忧）等。

附 3

沟通交流会议纪要模板

会议类型： Ⅰ类、Ⅱ类或Ⅲ类会议。

会议分类： 如临床试验申请前会议、Ⅱ期临床试验结束 / Ⅲ期临床试验启动前会议、提交药品上市许可申请前会议或风险评估和控制会议等。

召开日期和时间：

会议地点：

受理号（如适用）：

药品名称：

拟定适应证（或功能主治）：

申请人：

主持人：

记录人：

参会人员： 包括申请人和药审中心全部参会人员名单。

正文部分：

1. 会议目的：

2. 会议背景：

3. 会议讨论问题及结果：

（1）问题 1：XXXXXXXXX

双方是否达成一致：

□是。

共同观点：XXXXXXXXX

□否。

申请人观点：XXXXXXXXX

药审中心观点：XXXXXXXXX

（2）问题 2：XXXXXXXXX

……

1.10 药品注册审评结论异议解决程序(试行)

(国家药监局2020年第94号通告附件)

国家药监局关于发布《药品注册审评结论异议解决程序（试行）》的公告

(2020 年第 94 号)

为配合《药品注册管理办法》实施，国家药品监督管理局组织制定了《药品注册审评结论异议解决程序（试行）》，现予以发布。

本公告自发布之日起施行。

特此公告。

附件：药品注册审评结论异议解决程序（试行）

国家药监局

2020年8月26日

药品注册审评结论异议解决程序（试行）

第一条 为规范药品注册审评结论异议处理工作，根据《药品注册管理办法》第九十条规定，制定本程序。

第二条 药品注册申请人（以下简称申请人）对国家药品监督管理局药品审评中心（以下简称药审中心）作出的不予通过的审评结论提出异议，药审中心组织进行异议处理的，适用本程序。

第三条 异议解决是指对完成综合审评且审评结论为不予通过的，药审中心告知申请人后，申请人提出异议，药审中心组织进行综合评估或专家咨询委员会论证，形成最终技术审评结论的过程。

申请人应当针对审评结论中有异议的事项提出并说明理由，其内容仅限于原申请事项及原申报资料。

第四条 异议解决是审评程序的重要环节，药审中心在审评过程中应当加强与申请人之间的沟通交流，有效解决异议问题。

第五条 异议解决工作应当遵循依法、科学、公平、公正的原则。

第六条 药审中心应当在完成综合技术审评后的5日内，将不予通过的审评结论、理由以及申请人提起异议的权利、渠道、方式、事项和期限等，通过药审中心网站告知申请人。

第七条 申请人可以在收到告知书之日起15日内通过药审中心网站提出异议意见，异议意见应当列明理由和依据。

第八条 药审中心收到申请人的异议意见后，应当在15日内结合异议意见按要求组织进行综合评估。

第九条 药审中心经综合评估，认为需要调整审评结论的，应当在20日内重新进行技术审评，并将调整结果通过药审中心网站告知申请人。

第十条 药审中心经综合评估，认为不符合现行法律法规明确规定、或明显达不到注册技术基本要求、或在审评过程中已经召开过专家咨询委员会且审评结论是依据专家咨询委员会结论作出的，仍维持原审评结论的，应当在5日内主动与申请人进行沟通交流。此情形不再召开专家咨询委员会论证。

第十一条 药审中心经综合评估，认为现有研究资料或研究数据不足以支持申报事项，属于发布的现行技术标准体系没有覆盖、申请人与审评双方存在技术争议等情况，应当在5日内将综合评估结果反馈申请人。申请人对综合评估结果仍有异议的，可以在收到反馈意见后的15日内通过药审中心网站提出召开专家咨询委员会论证的申请，同时一并提交会议相关资料。

第十二条 药审中心应当自收到申请人召开专家咨询委员会论证的申请之日起50日内组织召开，并综合专家论证结果形成最终审评结论。

专家咨询委员会论证的程序参照相关规定执行。

第十三条 在组织专家咨询委员会论证的过程中，申请人未按时提交会议资料、未按约定的时间参加会议以及撤回召开专家咨询委员会论证申请的，药审中心基于已有申报资料形成审评结论。

第十四条 本程序规定的期限以工作日计算。申请人提出异议、药审中心解决异议和专家论证时间不计入审评时限。

第十五条 药品注册申请审批结束后，申请人对行政许可决定有异议的，可以依法提起行政复议或者行政诉讼。

第十六条 本程序自发布之日起施行。

附：1. 不予通过的审评结论告知书

2. 药品注册审评结论异议申请表

3. 授权委托书

附 1

不予通过的审评结论告知书

你单位申报的 XXX（受理号：　　　），经技术审评，不予通过，理由：（1）******；（2）******；（3）******；****** ，依据：****** 。

（应列明详细的技术理由，并列明该理由参考的技术规范和法律规范名称，需具体至如《药品注册管理办法》及其他法律依据、指导原则的条、款、项、目及具体内容。）

如你单位对我中心作出的不予通过的技术审评结论有异议，可以在收到告知书之日起 15 个工作日内通过药审中心网站（http://www.cde.org.cn/）提出异议。

异议材料应该包括以下内容：

1. 申请人之窗或电子邮件打印的不予通过的审评结论材料（纸质提交异议申请适用）。

2. 药品注册审评结论异议申请表和异议报告。

3. 授权委托书

4. 境外申请人指定中国境内的企业法人办理相关药品注册事项的，可由注册代理机构提出异议申请，同时需提交原委托文书复印件以及注册代理机构的营业执照复印件。

附 2

药品注册审评结论异议申请表

<table>
<tr><td>药品名称</td><td></td><td>药品受理号</td><td></td><td>注册分类</td><td></td></tr>
<tr><td>异议单位</td><td></td><td>联系人</td><td></td><td>联系方式</td><td></td></tr>
<tr><td colspan="6">异议事项内容：（异议内容仅限于申报事项及原申报资料）
1……
2……
3……</td></tr>
<tr><td colspan="6">异议理由：（若有材料，可附加材料）
1……
2……
3……</td></tr>
<tr><td rowspan="4">材料清单</td><td colspan="2">材料名称</td><td colspan="3">文件份数</td></tr>
<tr><td colspan="2">1. ……</td><td colspan="3"></td></tr>
<tr><td colspan="2">2. ……</td><td colspan="3"></td></tr>
<tr><td colspan="2">3. 其他</td><td colspan="3"></td></tr>
<tr><td>提交人</td><td colspan="2"></td><td colspan="2">提交日期</td><td></td></tr>
<tr><td>单位签章</td><td colspan="5"></td></tr>
</table>

附3

授权委托书

国家药品监督管理局药品审评中心：

我单位现委托　　　　（身份证号：　　　　）办理药品注册异议事宜，药品名称：　　　　受理号：　　　　。委托期限自　　年　　月　　日至　　年　　月　　日。请予办理。

单位印章（须与申请表一致）

年　月　日

1.11 国家食品药品监督管理局药品特别审批程序

（2005年11月18日国家食品药品监督管理局令第21号公布）

国家食品药品监督管理局令

第21号

《国家食品药品监督管理局药品特别审批程序》于2005年11月18日经国家食品药品监督管理局局务会审议通过，现予公布，自公布之日起施行。

局长：邵明立

2005年11月18日

国家食品药品监督管理局药品特别审批程序

第一章　总　则

第一条　为有效预防、及时控制和消除突发公共卫生事件的危害，保障公众身体健康与生命安全，根据《中华人民共和国药品管理法》《中华人民共和国传染病防治法》《中华人民共和国药品管理法实施条例》和《突发公共卫生事件应急条例》等法律、法规规定，制定本程序。

第二条 药品特别审批程序是指，存在发生突发公共卫生事件的威胁时以及突发公共卫生事件发生后，为使突发公共卫生事件应急所需防治药品尽快获得批准，国家食品药品监督管理局按照统一指挥、早期介入、快速高效、科学审批的原则，对突发公共卫生事件应急处理所需药品进行特别审批的程序和要求。

第三条 存在以下情形时，国家食品药品监督管理局可以依法决定按照本程序对突发公共卫生事件应急所需防治药品实行特别审批：

（一）中华人民共和国主席宣布进入紧急状态或者国务院决定省、自治区、直辖市的范围内部分地区进入紧急状态时；

（二）突发公共卫生事件应急处理程序依法启动时；

（三）国务院药品储备部门和卫生行政主管部门提出对已有国家标准药品实行特别审批的建议时；

（四）其他需要实行特别审批的情形。

第四条 国家食品药品监督管理局负责对突发公共卫生事件应急所需防治药品的药物临床试验、生产和进口等事项进行审批。

省、自治区、直辖市（食品）药品监督管理部门受国家食品药品监督管理局委托，负责突发公共卫生事件应急所需防治药品的现场核查及试制样品的抽样工作。

第二章 申请受理及现场核查

第五条 药品特别审批程序启动后，突发公共卫生事件应急所需防治药品的注册申请统一由国家食品药品监督管理局负责受理。

突发公共卫生事件应急所需药品及预防用生物制品未在国内上市销售的，申请人应当在提出注册申请前，将有关研发情况事先告知国家食品药品监督管理局。

第六条 申请人应当按照药品注册管理的有关规定和要求，向国家食品药品监督管理局提出注册申请，并提交相关技术资料。

突发公共卫生事件应急所需防治药品的注册申请可以电子申报方式提出。

第七条 申请人在提交注册申请前，可以先行提出药物可行性评价申请，并提交综述资料及相关说明。国家食品药品监督管理局仅对申报药物立项的科学性和可行性进行评议，并在24小时内予以答复。

对药物可行性评价申请的答复不作为审批意见，对注册申请审批结果不具有法律约束力。

第八条 国家食品药品监督管理局设立特别专家组，对突发公共卫生事件应急所需防治药品注册申请进行评估和审核，并在24小时内做出是否受理的决定，同时通知申请人。

第九条 注册申请受理后，国家食品药品监督管理局应当在24小时内组织对注册申报资料进行技术审评，同时通知申请人所在地省、自治区、直辖市（食品）药品监督管理部门对药物研制情况及条件进行现场核查，并组织对试制样品进行抽样、检验。

省、自治区、直辖市（食品）药品监督管理部门应当在5日内将现场核查情况及相关意见上报国家食品药品监督管理局。

第十条 省、自治区、直辖市（食品）药品监督管理部门应当组织药品注册、药品安全监管等部门人员参加现场核查。

预防用生物制品的现场核查及抽样工作应通知中国药品生物制品检定所派员参加。

第十一条 突发公共卫生事件应急所需防治药品已有国家标准，国家食品药品监督管理局依法认为不需要进行药物临床试验的，可以直接按照本程序第六章的有关规定进行审批。

第十二条 对申请人提交的只变更原生产用病毒株但不改变生产工艺及质量指标的特殊疫苗注册申请，国家食品药品监督管理局应当在确认变更的生产用病毒株后3日内作出审批决定。

第三章 注册检验

第十三条 药品检验机构收到省、自治区、直辖市（食品）药品监督管理部门抽取的样品后，应当立即组织对样品进行质量标准复核及实验室检验。

药品检验机构应当按照申报药品的检验周期完成检验工作。

第十四条 对首次申请上市的药品，国家食品药品监督管理局认为必要时，可以采取早期介入方式，指派中国药品生物制品检定所在注册检验之前与申请人沟通，及时解决质量标准复核及实验室检验过程中可能出现的技术问题。

对用于预防、控制重大传染病疫情的预防用生物制品，国家食品药品监督管理局根据需要，可以决定注册检验与企业自检同步进行。

第十五条 药物质量标准复核及实验室检验完成后，药品检验机构应当在 2 日内出具复核意见，连同药品检验报告一并报送国家食品药品监督管理局。

第四章 技术审评

第十六条 国家食品药品监督管理局受理突发公共卫生事件应急所需防治药品的注册申请后，应当在 15 日内完成首轮技术审评工作。

第十七条 国家食品药品监督管理局认为需要补充资料的，应当将补充资料内容和时限要求立即告知申请人。

申请人在规定时限内提交补充资料后，国家食品药品监督管理局应当在 3 日内完成技术审评，或者根据需要在 5 日内再次组织召开审评会议，并在 2 日内完成审评报告。

第五章 临床试验

第十八条 技术审评工作完成后，国家食品药品监督管理局应当在 3 日内完成行政审查，作出审批决定，并告知申请人。

国家食品药品监督管理局决定发给临床试验批准证明文件的，应当出具

《药物临床试验批件》；决定不予批准临床试验的，应当发给《审批意见通知件》，并说明理由。

第十九条 申请人获准进行药物临床试验的，应当严格按照临床试验批准证明文件的相关要求开展临床试验，并严格执行《药物临床试验质量管理规范》的有关规定。

第二十条 药物临床试验应当在经依法认定的具有药物临床试验资格的机构进行。临床试验确需由未经药物临床试验资格认定的机构承担的，应当得到国家食品药品监督管理局的特殊批准。

未经药物临床试验资格认定的机构承担临床试验的申请可与药品注册申请一并提出。

第二十一条 负责药物临床试验的研究者应当按有关规定及时将临床试验过程中发生的不良事件上报国家食品药品监督管理局；未发生不良事件的，应将有关情况按月汇总上报。

第二十二条 国家食品药品监督管理局依法对突发公共卫生事件应急所需防治药品的药物临床试验开展监督检查。

第六章 药品生产的审批与监测

第二十三条 申请人完成药物临床试验后，应当按照《药品注册管理办法》的有关规定，将相关资料报送国家食品药品监督管理局。

第二十四条 国家食品药品监督管理局收到申请人提交的资料后，应当在24小时内组织技术审评，同时通知申请人所在地省、自治区、直辖市（食品）药品监督管理部门对药品生产情况及条件进行现场核查，并组织对试制样品进行抽样、检验。

省、自治区、直辖市（食品）药品监督管理部门应当在5日内将现场核查情况及相关意见上报国家食品药品监督管理局。

第二十五条 新开办药品生产企业、药品生产企业新建药品生产车间或者新增生产剂型的，可以一并向国家食品药品监督管理局申请《药品生产质量管理规范》认证。国家食品药品监督管理局应当在进行药品注册审评的同时，立即开展《药品生产质量管理规范》认证检查。

第二十六条 药品检验机构收到省、自治区、直辖市（食品）药品监督管理部门抽取的3个生产批号的样品后，应当立即组织安排检验。

检验工作结束后，药品检验机构应当在2日内完成检验报告，并报送国家食品药品监督管理局。

第二十七条 国家食品药品监督管理局应当按照本程序第四章的规定开展技术审评，并于技术审评工作完成后3日内完成行政审查，作出审批决定，并告知申请人。

国家食品药品监督管理局决定发给药品批准证明文件的，应当出具《药品注册批件》，申请人具备药品相应生产条件的，可以同时发给药品批准文号；决定不予批准生产的，应当发给《审批意见通知件》，并说明理由。

第二十八条 药品生产、经营企业和医疗卫生机构发现与特别批准的突发公共卫生事件应急所需防治药品有关的新的或者严重的药品不良反应、群体不良反应，应当立即向所在地省、自治区、直辖市（食品）药品监督管理部门、省级卫生行政主管部门以及药品不良反应监测专业机构报告。

药品不良反应监测专业机构应将特别批准的突发公共卫生事件应急所需防治药品作为重点监测品种，按有关规定对所收集的病例报告进行汇总分析，并及时上报省、自治区、直辖市（食品）药品监督管理部门及国家食品药品监督管理局。

国家食品药品监督管理局应当加强已批准生产的突发公共卫生事件应急所需药品的上市后再评价工作。

第七章 附 则

第二十九条 突发公共卫生事件应急处理所需医疗器械的特别审批办法，由国家食品药品监督管理局参照本程序有关规定另行制定。

第三十条 本程序自颁布之日起实施。

1.12 药品注册审评一般性技术问题咨询管理规范

（国家药监局药审中心2018年12月21日颁布）

第一章 总 则

第一条 为贯彻《国务院关于改革药品医疗器械审评审批制度的意见》（国发〔2015〕44号）精神，落实国家食品药品监督管理总局《药物研发与技术审评沟通交流管理办法（试行）》（2016年第94号）要求，进一步加强药品技术审评咨询工作，优化技术咨询程序，提高药品审评技术咨询服务质量和效率，制定本规范。

第二条 本规范所指的一般性技术问题咨询（以下简称“咨询问题”）是指：申请人和药品审评中心（以下简称“药审中心”）之间通过药审中心官网（www.cde.org.cn）的“申请人之窗”就一般性技术问题进行交流咨询。该沟通交流方式通常不就技术审评过程中的重大决策性问题进行讨论。咨询问题包括与中心职能相关的技术审评问题及相关管理问题，涉及保密的问题不属于一般性技术问题。

一般性技术问题咨询的反馈意见基于当前政策法律法规规章等规范性文件和技术要求做出，可能会随政策法律法规规章等规范性文件或技术要求的变化而变化。如果总局就相关问题做出解释或解答，以总局的解释或解答为准。

第三条 业务管理处负责咨询问题的接收、分配、意见形成及反馈的总体协调管理，业务管理处项目管理人根据任务分工开展具体协调管理工作，中心其他相关部门配合完成此项工作。

第四条 咨询问题的接收、分配、意见的形成及反馈等均应遵守本规范。

第二章 工作流程

第五条 药审中心通过官网的“申请人之窗”接收申请人提出的咨询问题。针对申请人提出的不同类型的咨询问题，设定合理的问题分类。

第六条 业务管理处项目管理人对申请人提出的问题进行初步审查，根据申请人提出问题的内容分配到中心各部门处理。

涉及未完成审评品种的咨询问题，根据受理号分配到主审报告人或专业主审；涉及已结束审评或尚未申报品种的咨询问题，根据药物分类和专业学科分类分配到相关具体项目管理人，再由相关项目管理人组织协调处理。

第七条 对共性问题已有解答的或现有指导原则、政策法规中已有明确要求的咨询问题，审评人员或项目管理人直接形成反馈意见。

对现有指导原则、政策法规中尚无明确要求的咨询问题，经研究讨论后形成反馈意见。

第八条 一般性技术问题咨询由项目管理人反馈，特殊情况也可由解答问题的具体人员反馈。反馈方式包括申请人之窗反馈和电话反馈，电话反馈应在咨询平台上对反馈情况做好详细记录以备查看。

第三章 工作要求

第九条 项目管理人定期对申请人的咨询问题进行梳理，对于共性问题，在网络咨询平台系统标引关键词，形成共性问题库，共性问题由业务管理处提出并总结，征求中心各部门意见后发布。

第十条 申请人应全面、准确填写咨询问题的相关信息，并对信息的真实性负责。

项目管理人在收到咨询问题后应及时审核、分配申请人提交的咨询问题，跟进咨询问题处理进度。咨询问题负责人员（审评人员或项目管理人）应基于当前政策法律法规规章等规范性文件及技术要求形成反馈意见，保证反馈意见质量。

药审中心逐步建立对一般性技术问题咨询工作质量的双向评价体系。

第十一条 项目管理人应在工作中保持与各部门和申请人之间的沟通，涉及跨学科、跨适应证的问题，项目管理人之间应密切配合，确保及时向申请人反馈意见。

咨询问题处理过程中申请人可通过邮件与项目管理人沟通。

第十二条 一般性技术问题咨询应在15个工作日内反馈申请人。如遇特殊原因不能按时限反馈的，应提前告知申请人并请示上级管理岗位人员，视情况做好系统备注，并及时处理。

第四章 附 则

第十三条 本规范由药审中心负责解释。

第十四条 本规范自发布之日起实施。

1.13 《古代经典名方中药复方制剂简化注册审批管理规定》有关文件

1.13.1 古代经典名方中药复方制剂简化注册审批管理规定

（国家药品监督管理局2018年第27号通告附件1）

国家药品监督管理局关于发布古代经典名方中药复方制剂简化注册审批管理规定的公告

（2018 年第 27 号）

为贯彻落实《中华人民共和国中医药法》《国务院关于改革药品医疗器械审评审批制度的意见》（国发〔2015〕44 号），传承发展中医药事业，国家药品监督管理局会同国家中医药管理局组织制定了《古代经典名方中药复方制剂简化注册审批管理规定》，现予发布。本公告自发布之日起执行。

特此公告。

附件：

1. 古代经典名方中药复方制剂简化注册审批管理规定

2. 关于《古代经典名方中药复方制剂简化注册审批管理规定》的起草说明

国家药品监督管理局

2018年5月29日

古代经典名方中药复方制剂简化注册审批管理规定

第一条 为传承发展中医药事业，加强古代经典名方中药复方制剂（以下简称经典名方制剂）的质量管理，根据《中华人民共和国药品管理法》《中华人民共和国中医药法》制定本规定。

第二条 对来源于国家公布目录中的古代经典名方且无上市品种（已按本规定简化注册审批上市的品种除外）的中药复方制剂申请上市，符合本规定要求的，实施简化审批。

第三条 实施简化注册审批的经典名方制剂应当符合以下条件：

（一）处方中不含配伍禁忌或药品标准中标识有“剧毒”“大毒”及经现代毒理学证明有毒性的药味；

（二）处方中药味及所涉及的药材均有国家药品标准；

（三）制备方法与古代医籍记载基本一致；

（四）除汤剂可制成颗粒剂外，剂型应当与古代医籍记载一致；

（五）给药途径与古代医籍记载一致，日用饮片量与古代医籍记载相当；

（六）功能主治应当采用中医术语表述，与古代医籍记载基本一致；

（七）适用范围不包括传染病，不涉及孕妇、婴幼儿等特殊用药人群。

第四条 经典名方制剂的注册申请人（以下简称申请人）应当为在中国境内依法设立，能够独立承担药品质量安全等责任的药品生产企业，并应当符合国家产业政策有关要求。

生产企业应当具有中药饮片炮制、提取、浓缩、干燥、制剂等完整的生产能力，符合药品生产质量管理规范的要求。

第五条 符合第三条要求的经典名方制剂申请上市，可仅提供药学及非临床安全性研究资料，免报药效学研究及临床试验资料。申请人应当确保申报资料的数据真实、完整、可追溯。

第六条 经典名方制剂的研制分“经典名方物质基准”研制与制剂研制

两个阶段。申请人应当按照古代经典名方目录公布的处方、制法研制“经典名方物质基准”，并根据“经典名方物质基准”开展经典名方制剂的研究，证明经典名方制剂的关键质量属性与“经典名方物质基准”确定的关键质量属性一致。

“经典名方物质基准”，是指以古代医籍中记载的古代经典名方制备方法为依据制备而得的中药药用物质的标准，除成型工艺外，其余制备方法应当与古代医籍记载基本一致。

第七条 申请人按申请经典名方制剂上市的程序提交注册申请。在国家药品监督管理局发布相应的“经典名方物质基准”前申请上市的，可仅提交“经典名方物质基准”有关的申报资料，并在“经典名方物质基准”发布后补充提交经典名方制剂的相关申报资料。审核“经典名方物质基准”所用时间不计算在审评时限内。申请人因研究需要可延长补充资料的时限，同时向国家药品监督管理局药品审评机构说明理由。

在国家药品监督管理局发布相应的“经典名方物质基准”后申请上市的，应当按本规定第五条要求一次性提交完整的注册申报资料。

第八条 受理经典名方制剂上市申请前，国家药品监督管理局药品审评机构可安排与申请人进行会议沟通，对“经典名方物质基准”相关资料等提出意见建议。申请人应当根据沟通交流结果修改、完善申报资料。

第九条 国家药品监督管理局药品审评机构在收到首家申请人提交的“经典名方物质基准”相关资料后 5 日内，应当在其网站公示申请人名单，公示期为 6 个月。公示期内，其他申请人可继续通过申请上市程序提交自行研制的该“经典名方物质基准”相关资料，申请人名单一并予以公示。

公示期结束后，国家药品监督管理局药品审评机构组织专家对“经典名方物质基准”进行审核，并听取申请人的意见，形成“经典名方物质基准”统一标准（以下简称统一标准）。经审核，申请人提交的“经典名方物质基准”均不符合要求的，国家药品监督管理局药品审评机构可以允许其他申请人继续提交“经典名方物质基准”相关资料。

第十条 国家药品监督管理局药品审评机构应当对经过审核的统一标准

进行公示（公示期3个月，不计算在审评时限内）。公示期结束后，国家药品监督管理局药品审评机构根据收集到的反馈意见，组织申请人、专家对该标准进行修订，并将审定后的统一标准报国家药品监督管理局发布。

鼓励申请人参与“经典名方物质基准”的研究、起草并享有成果，在发布的统一标准中标注起草单位的名称。

第十一条 国家药品监督管理局药品审评机构收到经典名方制剂申请上市的申报资料后，应当组织药学、医学及毒理学技术人员对申报资料进行审评，必要时可以要求申请人补充资料，并说明理由。

第十二条 国家药品监督管理局药品审评机构按照审评需求启动研制现场检查和生产现场检查，并通知国家药品监督管理局药品检查机构。国家药品监督管理局药品检查机构组织开展研制现场检查和生产现场检查。国家药品监督管理局药品审评机构依据技术审评意见、研制现场检查报告、样品生产现场检查报告和样品检验结果，形成综合意见，连同有关资料报送国家药品监督管理局。国家药品监督管理局依据综合意见，作出审批决定。

经审评不符合规定的，国家药品监督管理局药品审评机构将审评意见和有关资料报送国家药品监督管理局，国家药品监督管理局依据技术审评意见，作出不予批准的决定，发给《审批意见通知件》，并说明理由。

第十三条 经典名方制剂的生产企业应当对所用药材、饮片及辅料的质量，制剂生产、销售配送、不良反应报告、追溯体系等负责。

第十四条 经典名方制剂的生产工艺应当与批准工艺一致，并确保生产过程的持续稳定合规。生产企业应当配合药品监督管理部门的监管工作，对药品监督管理部门组织实施的检查予以配合，不得拒绝、逃避、拖延或者阻碍。

第十五条 经典名方制剂药品标准的制定，应与“经典名方物质基准”作对比研究，充分考虑在药材来源、饮片炮制、制剂生产及使用等各个环节影响质量的因素，系统开展药材、饮片、中间体、“经典名方物质基准”所对应实物及制剂的质量研究，综合考虑其相关性，并确定关键质量属性，据此建立相应的质量评价指标和评价方法，确定科学合理的药品标准。加强专属性鉴别和多成分、整体质量控制。

生产企业应当制定严格的内控药品标准，根据关键质量属性明确生产全过程质量控制的措施、关键质控点及相关质量要求。企业内控标准不得低于药品注册标准。

第十六条 经典名方制剂的药品名称原则上应当与古代医籍中的方剂名称相同。

第十七条 经典名方制剂的药品说明书中须说明处方及功能主治的具体来源；注明处方药味日用剂量；明确本品仅作为处方药供中医临床使用。

第十八条 经典名方制剂上市后，生产企业应当按照国家药品不良反应监测相关法律法规开展药品不良反应监测，并向药品监督管理部门报告药品使用过程中发生的药品不良反应，提出风险控制措施，及时修订说明书。

第十九条 药品生产企业应当将药品生产销售、临床使用、不良反应监测、药品上市后的变更及资源评估等情况的年度汇总结果及相关说明报国家药品监督管理局药品审评机构。

第二十条 对批准文号有效期内未上市，不能履行持续考察药品质量、疗效和不良反应责任的经典名方制剂，药品监督管理部门不批准其再注册，批准文号到期后予以注销。

第二十一条 经典名方制剂的上市审批除按本规定实施简化审批外，申报资料的受理、研制情况及原始资料的现场检查、生产现场检查、药品注册检验、抽样检验以及经典名方制剂上市后变更等的相关注册管理要求，按照国家有关规定执行。

第二十二条 本规定自发布之日起施行。

1.13.2 关于《古代经典名方中药复方制剂简化注册审批管理规定》的起草说明

（国家药品监督管理局2018年第27号通告附件2）

为贯彻落实《中华人民共和国中医药法》（以下简称《中医药法》）《国务院关于改革药品医疗器械审评审批制度的意见》（国发〔2015〕44号），原食品药品监管总局组织起草了《古代经典名方中药复方制剂注册简化审批管理规定》（以下简称《规定》）。现将起草情况说明如下：

一、起草背景

2008年实施的《中药注册管理补充规定》首次明确了来源于古代经典名方的中药复方（以下简称经典名方）制剂的注册管理要求。国发〔2015〕44号文件进一步明确“简化来源于古代经典名方的复方制剂的审批”。《中华人民共和国中医药法》第三十条规定：“生产符合国家规定条件的来源于古代经典名方的中药复方制剂，在申请药品批准文号时，可以仅提供非临床安全性研究资料。具体管理办法由国务院药品监督管理部门会同中医药主管部门制定。”据此，原食品药品监管总局承担经典名方制剂有关注册文件的起草工作。

二、起草经过

国发〔2015〕44号文件印发后，原食品药品监管总局加强了与国家中医药管理局的沟通，以共同加快经典名方制剂相关文件的起草。2017年5月，成立起草工作组，明确起草的思路和分工。2017年10月9日至10月31日，上网公开征求意见。随后，根据收集到的反馈意见对《规定》征求意见稿进行了修改、完善。2018年4月，国家药品监督管理局召开局长专题会审议了《规定》，予以原则通过。会后，对《规定》进行修改完善，并组织召开定稿会，完善了有关文字。2018年5月，国家药品监督管理局会商国家中医药管理局，再次完善了《规定》。

三、主要内容和说明

《规定》共22条，内容依次涉及经典名方目录、简化审批的条件、申请人资质、物质基准的申报与发布、经典名方制剂的注册程序及管理要求、各相关方责任等。重点内容说明如下：

（一）关于经典名方物质基准

经典名方在我国有着悠久、丰富的人用历史，但由于其药材不稳定及成分复杂，其质量的批间一致性易受到影响，不利于疗效的稳健发挥。为此，在借鉴日本汉方药管理经验的基础上，引入了物质基准的管理要求，以其作为质量控制的基准。但是，在文字表述上是否沿用“标准汤剂”的叫法，专家提出了不同意见。有的专家认为中药起源于我国，不能照搬日本的表述语汇。又有专家建议使用“标准制剂”“原方制剂”的表述，但由于“制剂”系成药概念，易引起误解，因此未予采用。综合多方因素，最终在征求意见稿中采用“标准煎液”的表述。然而，“标准煎液”的表述仍存异议，一些同志认为不能完全反映散剂、膏剂等临床用药方式。无论日本汉方药的“标准汤剂”还是征求意见稿中的“标准煎液”均意在为制剂提供“物质基准”，是衡量制剂与中医临床所使用的药用物质是否一致的标准，因此，综合各方意见，最终统一表述为“经典名方物质基准”。对汤剂而言，该经典名方物质基准又可称为“标准汤剂”或“标准煎液”。

（二）关于受理审批程序

经典名方制剂的受理审批程序应根据其自身特点予以合理设计。经典名方制剂的研制分“经典名方物质基准”研制与制剂研制两个阶段，但申请人在申报注册时仅按申请经典名方制剂上市的程序提交注册申请，无须提交“经典名方物质基准”注册申请。此程序设计主要是为符合行政许可相关要求，方便申请人申报，避免“两报两批”。

对于在发布统一的“经典名方物质基准”前申请上市的，可仅提交“经典名方物质基准”有关的申报资料，并在“经典名方物质基准”发布后补充提交经典名方制剂的相关申报资料。审核“经典名方物质基准”所用时间不计算在审评时限内。申请人因研究需要可延长补充资料的时限，同时向药品审评机构说明理由。

药品审评机构在收到首家申请人提交的“经典名方物质基准”相关资料后5日内，在其网站公示申请人名单，公示期为6个月。公示期内，其他申请人可继续通过申请上市程序提交自行研制的该“经典名方物质基准”相关资料，一并予以公示。经对药材选取的代表性、经典名方物质基准所对应实物的制备方法与古代医籍记载的一致性、经典名方物质基准与制剂的质量相关性等方面的审核，申请人提交的“经典名方物质基准”均不符合要求的，国家药品监督管理局药品审评机构可以允许其他申请人继续提交“经典名方物质基准”相关资料。

而对于在发布相应“经典名方物质基准”后申请上市的，应当按照有关规定提交完整的注册申报资料，包括生产企业自行研制的“经典名方物质基准”所对应实物的相关资料、制剂申报资料、毒理研究资料等，不存在“关门时限”的问题。

（三）关于质量控制

中成药质量一致性一直是中药质量控制的难点，单纯依靠终端标准检验有很大的局限性。为保证经典名方制剂质量与疗效的相对一致，需要建立从药材源头到饮片、中间体、制剂全链条的质量控制措施，且整个过程需与“经典名方物质基准”比对。在质量比对、控制中，质量评价的指标和方法尤为关键。指标的选择需要综合考虑药材－饮片－“经典名方物质基准”所对应实物－制剂的相关性以及与临床疗效的相关性，需采用指纹图谱或特征图谱等整体控制方式对中间体、制剂的质量进行控制，鼓励使用DNA条形码检测、生物活性检测等方法的探索性研究和应用。同时，参照国际上质量控制的先进理念，引入了“质量属性”方面的要求，申请人需对影响药品安全性、有效性或一致性的物理、化学、生物活性等质量属性进行研究，并据此选择评价指标。

综上，考虑中药质量控制的复杂性，申报资料要求主要是基于通过药材、饮片到制剂的生产全过程控制以全面控制经典名方制剂质量的目的而设定的，符合目前中药质量控制的发展趋势，因此，这些要求不应被视为是仅针对经典名方制剂设置的技术高门槛，更不应被视为与简化审批相矛盾。简化审批的目的不是为了降低技术要求，而是为了传承发展好中医药事业。只有不断加强质量意识，才能使经典的方剂转化成经典的中成药产品。

（四）关于非临床安全性研究

经典名方虽然有着长期的人用史，但一直缺乏系统的非临床安全性研究；科技部“十二五”有关专项在非临床安全性研究中已发现个别经典名方出现明显安全性风险，也说明经典名方制剂有必要进行非临床安全性研究；此外，一些药材存在多基原的现象，而不同基原的使用可能带来不同的安全风险。因此从保证公众安全用药出发，规定每个经典名方制剂申请人均需系统、深入地开展非临床安全性研究。

（五）其他

考虑经典名方制剂来源的特殊性，即经典名方是历代医家的临床经验总结，是先贤留给后人的宝贵财富，不属于某个个人或科研机构所专有，批准经典名方制剂上市是为了更好地满足中医临床使用经典名方的需要，而且药品生产企业具有完整的生产能力，能更好地承担起质量控制的主体责任，鉴于此，将经典名方制剂申报主体仅限定为药品生产企业是适宜的，科研机构可参与相关研究工作。

申报资料的受理、研制情况及原始资料的现场检查、生产现场检查、药品标准复核、抽样检验以及经典名方制剂上市后变更等的相关注册管理要求均按照国家有关规定执行。

1.14 国家食品药品监督管理局关于做好实施新修订药品生产质量管理规范过程中药品技术转让有关事项的通知

（国食药监注〔2013〕38号）

各省、自治区、直辖市及新疆生产建设兵团食品药品监督管理局（药品监督管理局）：

为贯彻落实国家食品药品监督管理局、国家发展改革委、工业和信息化部和卫生部《关于加快实施新修订药品生产质量管理规范促进医药产业升级有关问题的通知》（国食药监安〔2012〕376号）中药品技术转让的有关规定，现就实施新修订药品生产质量管理规范（药品GMP）过程中药品生产企业整体搬迁、兼并等情形涉及的药品技术转让有关事项通知如下：

一、符合下列情形的，可申请药品技术转让：

（一）药品生产企业整体搬迁或被兼并后整体搬迁的，原址药品生产企业的药品生产技术可转让至新址药品生产企业。

（二）兼并重组中药品生产企业一方持有另一方50%以上股权或股份的，或者双方均为同一企业控股50%以上股权或股份的药品生产企业，双方可进行药品技术转让。

（三）放弃全厂或部分剂型生产改造的药品生产企业，可将相应品种生产技术转让给已通过新修订药品GMP认证的企业，但同一剂型所有品种生产技术仅限于一次性转让给一家药品生产企业。放弃原料药GMP改造的，相应药品品种可进行技术转让，转入方接受转让后再进行新修订药品GMP认证。注射剂等无菌药品生产企业应在2014年12月31日前、其他类别药品生产企业应在2016年12月31日前按上述要求提出药品技术转让注册申请，逾期药品监督管理部门不予受理。

二、程序和要求：

符合上述情形的药品技术转让，应按品规逐一提出药品技术转让申请，申请药品技术转让的品种经受理、审评并获得批准后方可上市销售。

（一）药品技术转让申请的受理。药品技术转让应当经转出方药品生产企业所在地省级药品监督管理部门核准，由转入方药品生产企业向所在地省级药品监督管理部门提出药品技术转让的补充申请，药品监督管理部门审核同意后，发给受理通知书。

（二）药品技术转让申请的审评审批。药品技术转让申请受理后，转入方药品生产企业应按品规逐一完成相关技术研究工作，并向所在地省级药品监督管理部门提出开展后续技术审评工作。省级药品监督管理部门按照《药品技术转让注册管理规定》的要求，结合原药品批准证明文件相关要求的完成情况，组织开展技术审评，生产现场检查和样品检验，符合要求的，提出批准生产上市的意见并报国家食品药品监督管理局。国家食品药品监督管理局发给补充申请批件，核发药品批准文号，同时注销原药品批准文号。涉及药品生产许可证范围变化的，省级药品监督管理部门核减相应生产范围或注销原药品生产许可证。

三、属于下列情形的，不得进行药品技术转让：

（一）转出方或转入方相关合法登记失效，不能独立承担民事责任的；

（二）未获得新药证书所有持有者同意转出的；

（三）转出方和转入方不能提供有效批准证明文件的；

（四）麻醉药品、第一类精神药品、第二类精神药品原料药和药品类易制毒化学品的品种；

（五）国家食品药品监督管理局认为不予受理或者不予批准的其他情形。

四、生物制品应按照《药品技术转让注册管理规定》的程序和要求进行技术转让。

五、各省级药品监督管理部门要建立相应技术审评机构和工作机制，配备专门人员和技术力量，达到上述条件的向国家食品药品监督管理局提出开展上述药品技术转让审评相关工作的申请，获批准后方可实施。各省级药品监督管理部门要强化责任，严格按照通知要求开展技术审评工作，认真审查工艺验证、质量对比等研究资料，不符合要求的，坚决不予审批，确保技术转让过程标准不降低，确保技术转让品种质量的一致性。

国家食品药品监督管理局将对各省级药品监督管理部门药品技术转让审评审批工作开展监督检查，对违反规定、降低技术要求的情况予以纠正，并追究责任。

六、药品技术转让是当前的一项重要工作，是鼓励企业药品技术有序流动，推动新修订药品GMP顺利实施，促进企业资源优化配置、企业做大做强、促进产业集中度提高和医药产业升级的重要举措。各级药品监督管理部门应站在全局高度，加强引导、排除干扰、防止地方保护、不得以任何理由设置障碍，依法支持企业开展技术转让，促进医药产业健康发展。

国家食品药品监督管理局

2013年2月22日

1.15 药品技术转让注册管理规定

（国食药监注〔2009〕518号附件）

关于印发药品技术转让注册管理规定的通知

国食药监注〔2009〕518号

各省、自治区、直辖市食品药品监督管理局（药品监督管理局），总后勤部卫生部药品监督管理局：

为规范药品技术转让注册行为，保证药品安全、有效和质量可控，根据《药品注册管理办法》的有关规定，我局组织制定了《药品技术转让注册管理规定》（以下简称《规定》），现予以印发，请遵照执行。

由于新药监测期是根据原《药品注册管理办法（试行）》于2002年12月1日设立，此前，根据原《新药保护和技术转让的规定》（1999年局令第4号）及《关于〈中华人民共和国药品管理法实施条例〉实施前已批准生产和临床研究的新药的保护期的通知》（国药监注〔2003〕59号）确定了新药保护期和过渡期的概念。为保证新旧法规的顺利过渡和衔接，对于此类具有保护期、过渡期品种技术转让的有关事宜按照以下要求执行：

一、对于具有《新药证书》，且仍在新药保护期内的品种，参照《规定》中新药技术转让的要求执行；

二、对于具有《新药证书》，且新药保护期已届满的品种，参照《规定》中药品生产技术转让的要求执行；

三、对于具有《新药证书》，且仍在过渡期内的品种，参照《规定》中新药技术转让的要求执行；

四、对于具有《新药证书》，且过渡期已届满的品种，参照《规定》中药品生产技术转让的要求执行；

本《规定》自发布之日起施行，原相关药品技术转让的规定同时废止。

国家食品药品监督管理局

2009年8月19日

药品技术转让注册管理规定

第一章　总　则

第一条　为促进新药研发成果转化和生产技术合理流动，鼓励产业结构调整和产品结构优化，规范药品技术转让注册行为，保证药品的安全、有效和质量可控，根据《药品注册管理办法》，制定本规定。

第二条　药品技术转让注册申请的申报、审评、审批和监督管理，适用本规定。

第三条　药品技术转让，是指药品技术的所有者按照本规定的要求，将药品生产技术转让给受让方药品生产企业，由受让方药品生产企业申请药品注册的过程。

药品技术转让分为新药技术转让和药品生产技术转让。

第二章　新药技术转让注册申报的条件

第四条　属于下列情形之一的，可以在新药监测期届满前提出新药技术转让的注册申请：

（一）持有《新药证书》的；

（二）持有《新药证书》并取得药品批准文号的。

对于仅持有《新药证书》、尚未进入新药监测期的制剂或持有《新药证书》的原料药，自《新药证书》核发之日起，应当在按照《药品注册管理办法》

附件六相应制剂的注册分类所设立的监测期届满前提出新药技术转让的申请。

第五条 新药技术转让的转让方与受让方应当签订转让合同。

对于仅持有《新药证书》，但未取得药品批准文号的新药技术转让，转让方应当为《新药证书》所有署名单位。

对于持有《新药证书》并取得药品批准文号的新药技术转让，转让方除《新药证书》所有署名单位外，还应当包括持有药品批准文号的药品生产企业。

第六条 转让方应当将转让品种的生产工艺和质量标准等相关技术资料全部转让给受让方，并指导受让方试制出质量合格的连续3个生产批号的样品。

第七条 新药技术转让申请，如有提高药品质量，并有利于控制安全性风险的变更，应当按照相关的规定和技术指导原则进行研究，研究资料连同申报资料一并提交。

第八条 新药技术转让注册申请获得批准之日起，受让方应当继续完成转让方原药品批准证明文件中载明的有关要求，例如药品不良反应监测和IV期临床试验等后续工作。

第三章 药品生产技术转让注册申报的条件

第九条 属于下列情形之一的，可以申请药品生产技术转让：

（一）持有《新药证书》或持有《新药证书》并取得药品批准文号，其新药监测期已届满的；

持有《新药证书》或持有《新药证书》并取得药品批准文号的制剂，不设监测期的；

仅持有《新药证书》、尚未进入新药监测期的制剂或持有《新药证书》不设监测期的原料药，自《新药证书》核发之日起，按照《药品注册管理办法》附件六相应制剂的注册分类所设立的监测期已届满的；

（二）未取得《新药证书》的品种，转让方与受让方应当均为符合法定条件的药品生产企业，其中一方持有另一方50%以上股权或股份，或者双方均为同一药品生产企业控股50%以上的子公司的；

（三）已获得《进口药品注册证》的品种，其生产技术可以由原进口药品注册申请人转让给境内药品生产企业。

第十条 药品生产技术转让的转让方与受让方应当签订转让合同。

第十一条 转让方应当将所涉及的药品的处方、生产工艺、质量标准等全部资料和技术转让给受让方，指导受让方完成样品试制、规模放大和生产工艺参数验证实施以及批生产等各项工作，并试制出质量合格的连续3个生产批号的样品。受让方生产的药品应当与转让方生产的药品质量一致。

第十二条 受让方的药品处方、生产工艺、质量标准等应当与转让方一致，不应发生原料药来源、辅料种类、用量和比例，以及生产工艺和工艺参数等影响药品质量的变化。

第十三条 受让方的生产规模应当与转让方的生产规模相匹配，受让方生产规模的变化超出转让方原规模十倍或小于原规模十分之一的，应当重新对生产工艺相关参数进行验证，验证资料连同申报资料一并提交。

第四章 药品技术转让注册申请的申报和审批

第十四条 药品技术转让的受让方应当为药品生产企业，其受让的品种剂型应当与《药品生产许可证》中载明的生产范围一致。

第十五条 药品技术转让时，转让方应当将转让品种所有规格一次性转让给同一个受让方。

第十六条 麻醉药品、第一类精神药品、第二类精神药品原料药和药品类易制毒化学品不得进行技术转让。

第二类精神药品制剂申请技术转让的，受让方应当取得相应品种的定点生产资格。

放射性药品申请技术转让的，受让方应当取得相应品种的《放射性药品生产许可证》。

第十七条 申请药品技术转让，应当填写《药品补充申请表》，按照补充申请的程序和规定以及本规定附件的要求向受让方所在地省、自治区、直辖市药品监督管理部门报送有关资料和说明。

对于持有药品批准文号的，应当同时提交持有药品批准文号的药品生产企业提出注销所转让品种药品批准文号的申请。

对于持有《进口药品注册证》、同时持有用于境内分包装的大包装《进口药品注册证》的，应当同时提交转让方注销大包装《进口药品注册证》的申请。已经获得境内分包装批准证明文件的，还要提交境内分包装药品生产企业提出注销所转让品种境内分包装批准证明文件的申请。

对于已经获准药品委托生产的，应当同时提交药品监督管理部门同意终止委托生产的相关证明性文件。

第十八条 对于转让方和受让方位于不同省、自治区、直辖市的，转让方所在地省、自治区、直辖市药品监督管理部门应当提出审核意见。

第十九条 受让方所在地省、自治区、直辖市药品监督管理部门对药品技术转让的申报资料进行受理审查，组织对受让方药品生产企业进行生产现场检查，药品检验所应当对抽取的3批样品进行检验。

第二十条 国家食品药品监督管理局药品审评中心应当对申报药品技术转让的申报资料进行审评，作出技术审评意见，并依据样品生产现场检查报告和样品检验结果，形成综合意见。

第二十一条 国家食品药品监督管理局依据药品审评中心的综合意见，作出审批决定。符合规定的，发给《药品补充申请批件》及药品批准文号。

转让前已取得药品批准文号的，应同时注销转让方原药品批准文号。

转让前已取得用于境内分包装的大包装《进口药品注册证》、境内分包装批准证明文件的，应同时注销大包装《进口药品注册证》、境内分包装批准证明文件。

第二类精神药品制剂的技术转让获得批准后，转让方已经获得的该品种定点生产资格应当同时予以注销。

新药技术转让注册申请获得批准的，应当在《新药证书》原件上标注已批准技术转让的相关信息后予以返还；未获批准的，《新药证书》原件予以退还。

对于持有《进口药品注册证》进行技术转让获得批准的，应当在《进口药品注册证》原件上标注已批准技术转让的相关信息后予以返还。

需要进行临床试验的，发给《药物临床试验批件》；不符合规定的，发给《审批意见通知件》，并说明理由。

第二十二条 经审评需要进行临床试验的，其对照药品应当为转让方药品生产企业原有生产的、已上市销售的产品。转让方仅获得《新药证书》的，对照药品的选择应当按照《药品注册管理办法》的规定及有关技术指导原则执行。

第二十三条 完成临床试验后，受让方应当将临床试验资料报送国家食品药品监督管理局药品审评中心，同时报送所在地省、自治区、直辖市药品监督管理部门。省、自治区、直辖市药品监督管理部门应当组织对临床试验进行现场核查。

第二十四条 具有下列情形之一的，其药品技术转让注册申请不予受理，已经受理的不予批准：

（一）转让方或受让方相关合法登记失效，不能独立承担民事责任的；

（二）转让方和受让方不能提供有效批准证明文件的；

（三）在国家中药品种保护期内的；

（四）申报资料中，转让方名称等相关信息与《新药证书》或者药品批准文号持有者不一致，且不能提供相关批准证明文件的；

（五）转让方未按照药品批准证明文件等载明的有关要求，在规定时间内完成相关工作的；

（六）经国家食品药品监督管理局确认存在安全性问题的药品；

（七）国家食品药品监督管理局认为不予受理或者不予批准的其他情形。

第五章　附　则

第二十五条 药品技术转让产生纠纷的，应当由转让方和受让方自行协商解决或通过人民法院的司法途径解决。

第二十六条 本规定自发布之日起施行，原药品技术转让的有关规定同时废止。

附件：药品技术转让申报资料要求及其说明

附件：

药品技术转让申报资料要求及其说明

第一部分　新药技术转让

1 药品批准证明文件及附件

1.1《新药证书》所有原件。

1.2 药品批准证明性文件及其附件的复印件，包括与申请事项有关的本品各种批准文件，如药品注册批件、补充申请批件、药品标准颁布件、修订件等。

附件指上述批件的附件，如药品质量标准、说明书、标签样稿及其他附件。

2 证明性文件

2.1 转让方《药品生产许可证》及其变更记录页、营业执照复印件。转让方不是药品生产企业的，应当提供其机构合法登记证明文件复印件。

受让方《药品生产许可证》及其变更记录页、营业执照的复印件。

2.2 申请制剂的，应提供原料药的合法来源证明文件，包括原料药的批准证明文件、药品质量标准、检验报告书、原料药生产企业的营业执照、《药品生产许可证》、《药品生产质量管理规范》认证证书、销售发票、供货协议等复印件。

2.3 直接接触药品的包装材料和容器的《药品包装材料和容器注册证》或者《进口包装材料和容器注册证》复印件。

2.4 转让方和受让方位于不同省、自治区、直辖市的，应当提交转让方所在地省、自治区、直辖市药品监督管理部门对新药技术转让的审核意见。

2.5 对于已经获准药品委托生产的，应提交药品监督管理部门同意注销委托生产的相关证明性文件。

2.6 转让方拟转让品种如有药品批准文号，应提交注销该文号申请。

3 新药技术转让合同原件。

4 受让方药品说明书和标签样稿及详细修订说明。

5 药学研究资料：应当符合《药品注册管理办法》附件 1、附件 2、附件 3“药学研究资料”的一般原则，并遵照以下要求：

5.1 工艺研究资料的一般要求

详细说明生产工艺、生产主要设备和条件、工艺参数、生产过程、生产中质量控制方法与转让方的一致性，生产规模的匹配性，并同时提供转让方详细的生产工艺、工艺参数、生产规模等资料。

根据《药品注册管理办法》和有关技术指导原则等要求，对生产过程工艺参数进行验证的资料。

5.2 原料药制备工艺的研究资料

原料药制备工艺研究资料要求同 5.1 项的一般要求

5.3 制剂处方及生产工艺研究资料

除了遵照 5.1 的一般要求之外，资料中还应详细说明药品处方的一致性，并提供转让方详细的处方资料。

5.4 质量研究工作的试验资料

5.4.1 对转让方已批准的质量标准中的检查方法进行验证，以确证已经建立起的质量控制方法能有效地控制转让后产品的质量。

5.4.2 根据原料药的理化性质和 / 或剂型特性，选择适当的项目与转让方原生产的药品进行比较性研究，重点证明技术转让并未引起药品中与药物体内吸收和疗效有关的重要理化性质和指标的改变，具体可参照相关技术指导原则中的有关研究验证工作进行。

如研究发现生产的样品出现新的杂质等，需参照杂质研究的技术指导原则研究和分析杂质的毒性。

5.5 样品的检验报告书

对连续生产的 3 批样品按照转让方已批准的质量标准进行检验合格。

5.6 药材、原料药、生物制品生产用原材料、辅料等的来源及质量标准、检验报告书。

注意说明与转让方原使用的药材、原料药、生物制品生产用原材料、辅料的异同，以及重要理化指标和质量标准的一致性。

5.7 药物稳定性研究资料

对生产的 3 批样品进行 3 ～ 6 个月加速试验及长期留样稳定性考察，并与转让方药品稳定性情况进行比较。

对药品处方、生产工艺、主要工艺参数、原辅料来源、生产规模等与转让方保持严格一致的，可无须提交稳定性试验资料，其药品有效期以转让方药品有效期为准。

5.8 直接接触药品的包装材料和容器的选择依据及质量标准。

直接接触药品的包装材料和容器一般不得变更。

5.9 上述内容如发生变更，参照相关技术指导原则进行研究，并提供相关研究资料。

第二部分 生产技术转让

1 药品批准证明文件及附件的复印件

药品批准证明性文件及其附件的复印件，包括与申请事项有关的本品各种批准文件，如药品注册批件、补充申请批件、药品标准颁布件、修订件等。

附件指上述批件的附件，如药品质量标准、说明书、标签样稿及其他附件。

2 证明性文件

2.1 转让方《药品生产许可证》及其变更记录页、营业执照复印件。

受让方《药品生产许可证》及其变更记录页、营业执照复印件。

2.2 申请制剂的，应提供原料药的合法来源证明文件，包括原料药的批准证明文件、药品标准、检验报告、原料药生产企业的营业执照、《药品生产许可证》《药品生产质量管理规范》认证证书、销售发票、供货协议等的复印件。

2.3 直接接触药品的包装材料和容器的《药品包装材料和容器注册证》或者《进口包装材料和容器注册证》复印件。

2.4 转让方和受让方位于不同省、自治区、直辖市的，应当提交转让方所在地省、自治区、直辖市药品监督管理部门对生产技术转让的审核意见。

2.5 转让方注销拟转让品种文号的申请。

2.6 属于《药品技术转让注册管理规定》第九条第二款情形的，尚需提交转让方和受让方公司关系的证明材料，包括：

2.6.1 企业登记所在地工商行政管理部门出具的关于双方控股关系的查询证明文件。

2.6.2 申请人出具的公司关系说明及企业章程复印件。

2.6.3《企业法人营业执照》及变更登记复印件。

2.7 进口药品生产技术转让的，尚需提交下列资料：

2.7.1 经公证的该品种境外制药厂商同意进行生产技术转让的文件，并附中文译本。

2.7.2《进口药品注册证》（或者《医药产品注册证》）正本或者副本和药品批准证明文件复印件。

2.7.3 进口药品注册或者再注册时提交的药品生产国或者地区出具的药品批准证明文件复印件。

2.7.4 如转让方还持有同品种境内大包装注册证，还需提交注销其进口大包装注册证的申请。已获得分包装批件的还需提交境内分包装药品生产企业注销其分包装批件的申请。

2.8 对于已经获准药品委托生产的，应提交药品监督管理部门同意注销委托生产的相关证明性文件。

3 生产技术转让合同原件。

4 受让方药品说明书和标签样稿及详细修订说明。

5 药学研究资料：应当符合《药品注册管理办法》附件 1、附件 2、附件 3 “药学研究资料”的一般原则，并遵照以下要求：

5.1 工艺研究资料的一般要求

详细说明生产工艺、生产主要设备和条件、工艺参数、生产过程、生产中质量控制方法与转让方的一致性，生产规模的匹配性，并同时提供转让方详细的生产工艺、工艺参数、生产规模等资料。

根据《药品注册管理办法》和有关技术指导原则等要求，对生产过程工艺参数进行验证的资料。

受让方生产规模的变化超出转让方原规模的十倍或小于原规模的十分之一的，应当重新对生产工艺相关参数进行验证，并提交验证资料。

5.2 原料药生产工艺的研究资料

原料药制备工艺研究资料要求同 5.1 项的一般要求。

受让方所使用的起始原料、试剂级别、生产设备、生产工艺和工艺参数一般不允许变更。

5.3 制剂处方及生产工艺研究资料。

制剂的生产工艺研究资料除按照 5.1 项的一般要求外，还需：

详细说明药品处方的一致性，并同时提供转让方详细的处方资料。

受让方所使用的辅料种类、用量、生产工艺和工艺参数，以及所使用的原料药来源不允许变更。

5.4 质量研究工作的试验资料

参照“第一部分新药技术转让”附件 5.4.1、附件 5.4.2 有关剂型的要求。

5.5 样品的检验报告书。

对连续生产的 3 批样品按照转让方已批准的质量标准进行检验合格。

5.6 药材、原料药、生物制品生产用原材料、辅料等的来源及质量标准、检验报告书。

注意说明与转让方原使用的药材、原料药、生物制品生产用原材料和辅料等的异同，以及重要理化指标和质量标准的一致性。

5.7 药物稳定性研究资料

对受让方生产的3批样品进行3～6个月加速试验及长期留样稳定性考察，并与转让方药品稳定性情况进行比较。

对药品处方、生产工艺、主要工艺参数、原辅料来源、直接接触药品的包装材料和容器、生产规模等与转让方保持严格一致的，可无须提交稳定性试验资料，其药品有效期以转让方药品有效期为准。

5.8 直接接触药品的包装材料和容器的选择依据及质量标准。

直接接触药品的包装材料和容器不得变更。

02
药品生产

2.1 药品生产监督管理办法

（2020年1月22日国家市场监督管理总局令第28号公布）

国家市场监督管理总局令

第 28 号

《药品生产监督管理办法》已于 2020 年 1 月 15 日经国家市场监督管理总局 2020 年第 1 次局务会议审议通过，现予公布，自 2020 年 7 月 1 日起施行。

局长　肖亚庆

2020年1月22日

药品生产监督管理办法

第一章　总　则

第一条　为加强药品生产监督管理，规范药品生产活动，根据《中华人民共和国药品管理法》（以下简称《药品管理法》）、《中华人民共和国中医药法》《中华人民共和国疫苗管理法》（以下简称《疫苗管理法》）、《中华人民共和国行政许可法》《中华人民共和国药品管理法实施条例》等法律、行政法规，制定本办法。

第二条　在中华人民共和国境内上市药品的生产及监督管理活动，应当遵守本办法。

第三条 从事药品生产活动，应当遵守法律、法规、规章、标准和规范，保证全过程信息真实、准确、完整和可追溯。

从事药品生产活动，应当经所在地省、自治区、直辖市药品监督管理部门批准，依法取得药品生产许可证，严格遵守药品生产质量管理规范，确保生产过程持续符合法定要求。

药品上市许可持有人应当建立药品质量保证体系，履行药品上市放行责任，对其取得药品注册证书的药品质量负责。

中药饮片生产企业应当履行药品上市许可持有人的相关义务，确保中药饮片生产过程持续符合法定要求。

原料药生产企业应当按照核准的生产工艺组织生产，严格遵守药品生产质量管理规范，确保生产过程持续符合法定要求。

经关联审评的辅料、直接接触药品的包装材料和容器的生产企业以及其他从事与药品相关生产活动的单位和个人依法承担相应责任。

第四条 药品上市许可持有人、药品生产企业应当建立并实施药品追溯制度，按照规定赋予药品各级销售包装单元追溯标识，通过信息化手段实施药品追溯，及时准确记录、保存药品追溯数据，并向药品追溯协同服务平台提供追溯信息。

第五条 国家药品监督管理局主管全国药品生产监督管理工作，对省、自治区、直辖市药品监督管理部门的药品生产监督管理工作进行监督和指导。

省、自治区、直辖市药品监督管理部门负责本行政区域内的药品生产监督管理，承担药品生产环节的许可、检查和处罚等工作。

国家药品监督管理局食品药品审核查验中心（以下简称核查中心）组织制定药品检查技术规范和文件，承担境外检查以及组织疫苗巡查等，分析评估检查发现风险、作出检查结论并提出处置建议，负责各省、自治区、直辖市药品检查机构质量管理体系的指导和评估。

国家药品监督管理局信息中心负责药品追溯协同服务平台、药品安全信用档案建设和管理，对药品生产场地进行统一编码。

药品监督管理部门依法设置或者指定的药品审评、检验、核查、监测与评价等专业技术机构，依职责承担相关技术工作并出具技术结论，为药品生产监督管理提供技术支撑。

第二章　生产许可

第六条　从事药品生产，应当符合以下条件：

（一）有依法经过资格认定的药学技术人员、工程技术人员及相应的技术工人，法定代表人、企业负责人、生产管理负责人（以下称生产负责人）、质量管理负责人（以下称质量负责人）、质量受权人及其他相关人员符合《药品管理法》《疫苗管理法》规定的条件；

（二）有与药品生产相适应的厂房、设施、设备和卫生环境；

（三）有能对所生产药品进行质量管理和质量检验的机构、人员；

（四）有能对所生产药品进行质量管理和质量检验的必要的仪器设备；

（五）有保证药品质量的规章制度，并符合药品生产质量管理规范要求。

从事疫苗生产活动的，还应当具备下列条件：

（一）具备适度规模和足够的产能储备；

（二）具有保证生物安全的制度和设施、设备；

（三）符合疾病预防、控制需要。

第七条　从事制剂、原料药、中药饮片生产活动，申请人应当按照本办法和国家药品监督管理局规定的申报资料要求，向所在地省、自治区、直辖市药品监督管理部门提出申请。

委托他人生产制剂的药品上市许可持有人，应当具备本办法第六条第一款第一项、第三项、第五项规定的条件，并与符合条件的药品生产企业签订委托协议和质量协议，将相关协议和实际生产场地申请资料合并提交至药品上市许可持有人所在地省、自治区、直辖市药品监督管理部门，按照本办法规定申请办理药品生产许可证。

申请人应当对其申请材料全部内容的真实性负责。

第八条 省、自治区、直辖市药品监督管理部门收到申请后，应当根据下列情况分别作出处理：

（一）申请事项依法不属于本部门职权范围的，应当即时作出不予受理的决定，并告知申请人向有关行政机关申请；

（二）申请事项依法不需要取得行政许可的，应当即时告知申请人不受理；

（三）申请材料存在可以当场更正的错误的，应当允许申请人当场更正；

（四）申请材料不齐全或者不符合形式审查要求的，应当当场或者在五日内发给申请人补正材料通知书，一次性告知申请人需要补正的全部内容，逾期不告知的，自收到申请材料之日起即为受理；

（五）申请材料齐全、符合形式审查要求，或者申请人按照要求提交全部补正材料的，予以受理。

省、自治区、直辖市药品监督管理部门受理或者不予受理药品生产许可证申请的，应当出具加盖本部门专用印章和注明日期的受理通知书或者不予受理通知书。

第九条 省、自治区、直辖市药品监督管理部门应当自受理之日起三十日内，作出决定。

经审查符合规定的，予以批准，并自书面批准决定作出之日起十日内颁发药品生产许可证；不符合规定的，作出不予批准的书面决定，并说明理由。

省、自治区、直辖市药品监督管理部门按照药品生产质量管理规范等有关规定组织开展申报资料技术审查和评定、现场检查。

第十条 省、自治区、直辖市药品监督管理部门应当在行政机关的网站和办公场所公示申请药品生产许可证所需要的条件、程序、期限、需要提交的全部材料的目录和申请书示范文本等。

省、自治区、直辖市药品监督管理部门颁发药品生产许可证的有关信息，应当予以公开，公众有权查阅。

第十一条 省、自治区、直辖市药品监督管理部门对申请办理药品生产许可证进行审查时，应当公开审批结果，并提供条件便利申请人查询审批进程。

未经申请人同意，药品监督管理部门、专业技术机构及其工作人员不得披露申请人提交的商业秘密、未披露信息或者保密商务信息，法律另有规定或者涉及国家安全、重大社会公共利益的除外。

第十二条 申请办理药品生产许可证直接涉及申请人与他人之间重大利益关系的，申请人、利害关系人依照法律、法规规定享有申请听证的权利。

在对药品生产企业的申请进行审查时，省、自治区、直辖市药品监督管理部门认为涉及公共利益的，应当向社会公告，并举行听证。

第十三条 药品生产许可证有效期为五年，分为正本和副本。药品生产许可证样式由国家药品监督管理局统一制定。药品生产许可证电子证书与纸质证书具有同等法律效力。

第十四条 药品生产许可证应当载明许可证编号、分类码、企业名称、统一社会信用代码、住所（经营场所）、法定代表人、企业负责人、生产负责人、质量负责人、质量受权人、生产地址和生产范围、发证机关、发证日期、有效期限等项目。

企业名称、统一社会信用代码、住所（经营场所）、法定代表人等项目应当与市场监督管理部门核发的营业执照中载明的相关内容一致。

第十五条 药品生产许可证载明事项分为许可事项和登记事项。

许可事项是指生产地址和生产范围等。

登记事项是指企业名称、住所（经营场所）、法定代表人、企业负责人、生产负责人、质量负责人、质量受权人等。

第十六条 变更药品生产许可证许可事项的，向原发证机关提出药品生产许可证变更申请。未经批准，不得擅自变更许可事项。

原发证机关应当自收到企业变更申请之日起十五日内作出是否准予变更的决定。不予变更的，应当书面说明理由，并告知申请人享有依法申请行政复议或者提起行政诉讼的权利。

变更生产地址或者生产范围，药品生产企业应当按照本办法第六条的规定及相关变更技术要求，提交涉及变更内容的有关材料，并报经所在地省、自治区、直辖市药品监督管理部门审查决定。

原址或者异地新建、改建、扩建车间或者生产线的，应当符合相关规定和技术要求，提交涉及变更内容的有关材料，并报经所在地省、自治区、直辖市药品监督管理部门进行药品生产质量管理规范符合性检查，检查结果应当通知企业。检查结果符合规定，产品符合放行要求的可以上市销售。有关变更情况，应当在药品生产许可证副本中载明。

上述变更事项涉及药品注册证书及其附件载明内容的，由省、自治区、直辖市药品监督管理部门批准后，报国家药品监督管理局药品审评中心更新药品注册证书及其附件相关内容。

第十七条　变更药品生产许可证登记事项的，应当在市场监督管理部门核准变更或者企业完成变更后三十日内，向原发证机关申请药品生产许可证变更登记。原发证机关应当自收到企业变更申请之日起十日内办理变更手续。

第十八条　药品生产许可证变更后，原发证机关应当在药品生产许可证副本上记录变更的内容和时间，并按照变更后的内容重新核发药品生产许可证正本，收回原药品生产许可证正本，变更后的药品生产许可证终止期限不变。

第十九条　药品生产许可证有效期届满，需要继续生产药品的，应当在有效期届满前六个月，向原发证机关申请重新发放药品生产许可证。

原发证机关结合企业遵守药品管理法律法规、药品生产质量管理规范和质量体系运行情况，根据风险管理原则进行审查，在药品生产许可证有效期届满前作出是否准予其重新发证的决定。符合规定准予重新发证的，收回原证，重新发证；不符合规定的，作出不予重新发证的书面决定，并说明理由，同时告知申请人享有依法申请行政复议或者提起行政诉讼的权利；逾期未作出决定的，视为同意重新发证，并予补办相应手续。

第二十条　有下列情形之一的，药品生产许可证由原发证机关注销，并予以公告：

（一）主动申请注销药品生产许可证的；

（二）药品生产许可证有效期届满未重新发证的；

（三）营业执照依法被吊销或者注销的；

（四）药品生产许可证依法被吊销或者撤销的；

（五）法律、法规规定应当注销行政许可的其他情形。

第二十一条 药品生产许可证遗失的，药品上市许可持有人、药品生产企业应当向原发证机关申请补发，原发证机关按照原核准事项在十日内补发药品生产许可证。许可证编号、有效期等与原许可证一致。

第二十二条 任何单位或者个人不得伪造、变造、出租、出借、买卖药品生产许可证。

第二十三条 省、自治区、直辖市药品监督管理部门应当将药品生产许可证核发、重新发证、变更、补发、吊销、撤销、注销等办理情况，在办理工作完成后十日内在药品安全信用档案中更新。

第三章 生产管理

第二十四条 从事药品生产活动，应当遵守药品生产质量管理规范，按照国家药品标准、经药品监督管理部门核准的药品注册标准和生产工艺进行生产，按照规定提交并持续更新场地管理文件，对质量体系运行过程进行风险评估和持续改进，保证药品生产全过程持续符合法定要求。生产、检验等记录应当完整准确，不得编造和篡改。

第二十五条 疫苗上市许可持有人应当具备疫苗生产、检验必需的厂房设施设备，配备具有资质的管理人员，建立完善质量管理体系，具备生产出符合注册要求疫苗的能力，超出疫苗生产能力确需委托生产的，应当经国家药品监督管理局批准。

第二十六条 从事药品生产活动，应当遵守药品生产质量管理规范，建立健全药品生产质量管理体系，涵盖影响药品质量的所有因素，保证药品生产全过程持续符合法定要求。

第二十七条 药品上市许可持有人应当建立药品质量保证体系，配备专门人员独立负责药品质量管理，对受托药品生产企业、药品经营企业的质量管理体系进行定期审核，监督其持续具备质量保证和控制能力。

第二十八条 药品上市许可持有人的法定代表人、主要负责人应当对药品质量全面负责，履行以下职责：

（一）配备专门质量负责人独立负责药品质量管理；

（二）配备专门质量受权人独立履行药品上市放行责任；

（三）监督质量管理体系正常运行；

（四）对药品生产企业、供应商等相关方与药品生产相关的活动定期开展质量体系审核，保证持续合规；

（五）按照变更技术要求，履行变更管理责任；

（六）对委托经营企业进行质量评估，与使用单位等进行信息沟通；

（七）配合药品监督管理部门对药品上市许可持有人及相关方的延伸检查；

（八）发生与药品质量有关的重大安全事件，应当及时报告并按持有人制定的风险管理计划开展风险处置，确保风险得到及时控制；

（九）其他法律法规规定的责任。

第二十九条 药品生产企业的法定代表人、主要负责人应当对本企业的药品生产活动全面负责，履行以下职责：

（一）配备专门质量负责人独立负责药品质量管理，监督质量管理规范执行，确保适当的生产过程控制和质量控制，保证药品符合国家药品标准和药品注册标准；

（二）配备专门质量受权人履行药品出厂放行责任；

（三）监督质量管理体系正常运行，保证药品生产过程控制、质量控制以及记录和数据真实性；

（四）发生与药品质量有关的重大安全事件，应当及时报告并按企业制定的风险管理计划开展风险处置，确保风险得到及时控制；

（五）其他法律法规规定的责任。

第三十条 药品上市许可持有人、药品生产企业应当每年对直接接触药品的工作人员进行健康检查并建立健康档案，避免患有传染病或者其他可能污染药品疾病的人员从事直接接触药品的生产活动。

第三十一条 药品上市许可持有人、药品生产企业在药品生产中，应当开展风险评估、控制、验证、沟通、审核等质量管理活动，对已识别的风险及时采取有效的风险控制措施，以保证产品质量。

第三十二条 从事药品生产活动，应当对使用的原料药、辅料、直接接触药品的包装材料和容器等相关物料供应商或者生产企业进行审核，保证购进、使用符合法规要求。

生产药品所需的原料、辅料，应当符合药用要求以及相应的生产质量管理规范的有关要求。直接接触药品的包装材料和容器，应当符合药用要求，符合保障人体健康、安全的标准。

第三十三条 经批准或者通过关联审评审批的原料药、辅料、直接接触药品的包装材料和容器的生产企业，应当遵守国家药品监督管理局制定的质量管理规范以及关联审评审批有关要求，确保质量保证体系持续合规，接受药品上市许可持有人的质量审核，接受药品监督管理部门的监督检查或者延伸检查。

第三十四条 药品生产企业应当确定需进行的确认与验证，按照确认与验证计划实施。定期对设施、设备、生产工艺及清洁方法进行评估，确认其持续保持验证状态。

第三十五条 药品生产企业应当采取防止污染、交叉污染、混淆和差错的控制措施，定期检查评估控制措施的适用性和有效性，以确保药品达到规定的国家药品标准和药品注册标准，并符合药品生产质量管理规范要求。

药品上市许可持有人和药品生产企业不得在药品生产厂房生产对药品质量有不利影响的其他产品。

第三十六条 药品包装操作应当采取降低混淆和差错风险的措施，药品包装应当确保有效期内的药品储存运输过程中不受污染。

药品说明书和标签中的表述应当科学、规范、准确，文字应当清晰易辨，不得以粘贴、剪切、涂改等方式进行修改或者补充。

第三十七条 药品生产企业应当建立药品出厂放行规程，明确出厂放行的标准、条件，并对药品质量检验结果、关键生产记录和偏差控制情况进行审核，对药品进行质量检验。符合标准、条件的，经质量受权人签字后方可出厂放行。

药品上市许可持有人应当建立药品上市放行规程，对药品生产企业出厂放行的药品检验结果和放行文件进行审核，经质量受权人签字后方可上市放行。

中药饮片符合国家药品标准或者省、自治区、直辖市药品监督管理部门制定的炮制规范的，方可出厂、销售。

第三十八条 药品上市许可持有人、药品生产企业应当每年进行自检，监控药品生产质量管理规范的实施情况，评估企业是否符合相关法规要求，并提出必要的纠正和预防措施。

第三十九条 药品上市许可持有人应当建立年度报告制度，按照国家药品监督管理局规定每年向省、自治区、直辖市药品监督管理部门报告药品生产销售、上市后研究、风险管理等情况。

疫苗上市许可持有人应当按照规定向国家药品监督管理局进行年度报告。

第四十条 药品上市许可持有人应当持续开展药品风险获益评估和控制，制定上市后药品风险管理计划，主动开展上市后研究，对药品的安全性、有效性和质量可控性进行进一步确证，加强对已上市药品的持续管理。

第四十一条 药品上市许可持有人应当建立药物警戒体系，按照国家药品监督管理局制定的药物警戒质量管理规范开展药物警戒工作。

药品上市许可持有人、药品生产企业应当经常考察本单位的药品质量、疗效和不良反应。发现疑似不良反应的，应当及时按照要求报告。

第四十二条 药品上市许可持有人委托生产药品的，应当符合药品管理的有关规定。

药品上市许可持有人委托符合条件的药品生产企业生产药品的，应当对受托方的质量保证能力和风险管理能力进行评估，根据国家药品监督管理局制定的药品委托生产质量协议指南要求，与其签订质量协议以及委托协议，监督受托方履行有关协议约定的义务。

受托方不得将接受委托生产的药品再次委托第三方生产。

经批准或者通过关联审评审批的原料药应当自行生产，不得再行委托他人生产。

第四十三条 药品上市许可持有人应当按照药品生产质量管理规范的要求对生产工艺变更进行管理和控制，并根据核准的生产工艺制定工艺规程。生产工艺变更应当开展研究，并依法取得批准、备案或者进行报告，接受药品监督管理部门的监督检查。

第四十四条 药品上市许可持有人、药品生产企业应当每年对所生产的药品按照品种进行产品质量回顾分析、记录，以确认工艺稳定可靠，以及原料、辅料、成品现行质量标准的适用性。

第四十五条 药品上市许可持有人、药品生产企业的质量管理体系相关的组织机构、企业负责人、生产负责人、质量负责人、质量受权人发生变更的，应当自发生变更之日起三十日内，完成登记手续。

疫苗上市许可持有人应当自发生变更之日起十五日内，向所在地省、自治区、直辖市药品监督管理部门报告生产负责人、质量负责人、质量受权人等关键岗位人员的变更情况。

第四十六条 列入国家实施停产报告的短缺药品清单的药品，药品上市许可持有人停止生产的，应当在计划停产实施六个月前向所在地省、自治区、直辖市药品监督管理部门报告；发生非预期停产的，在三日内报告所在地省、自治区、直辖市药品监督管理部门。必要时，向国家药品监督管理局报告。

药品监督管理部门接到报告后，应当及时通报同级短缺药品供应保障工作会商联动机制牵头单位。

第四十七条 药品上市许可持有人为境外企业的，应当指定一家在中国境内的企业法人，履行《药品管理法》与本办法规定的药品上市许可持有人的义务，并负责协调配合境外检查工作。

第四十八条 药品上市许可持有人的生产场地在境外的，应当按照《药品管理法》与本办法规定组织生产，配合境外检查工作。

第四章　监督检查

第四十九条　省、自治区、直辖市药品监督管理部门负责对本行政区域内药品上市许可持有人，制剂、化学原料药、中药饮片生产企业的监督管理。

省、自治区、直辖市药品监督管理部门应当对原料、辅料、直接接触药品的包装材料和容器等供应商、生产企业开展日常监督检查，必要时开展延伸检查。

第五十条　药品上市许可持有人和受托生产企业不在同一省、自治区、直辖市的，由药品上市许可持有人所在地省、自治区、直辖市药品监督管理部门负责对药品上市许可持有人的监督管理，受托生产企业所在地省、自治区、直辖市药品监督管理部门负责对受托生产企业的监督管理。省、自治区、直辖市药品监督管理部门应当加强监督检查信息互相通报，及时将监督检查信息更新到药品安全信用档案中，可以根据通报情况和药品安全信用档案中监管信息更新情况开展调查，对药品上市许可持有人或者受托生产企业依法作出行政处理，必要时可以开展联合检查。

第五十一条　药品监督管理部门应当建立健全职业化、专业化检查员制度，明确检查员的资格标准、检查职责、分级管理、能力培训、行为规范、绩效评价和退出程序等规定，提升检查员的专业素质和工作水平。检查员应当熟悉药品法律法规，具备药品专业知识。

药品监督管理部门应当根据监管事权、药品产业规模及检查任务等，配备充足的检查员队伍，保障检查工作需要。有疫苗等高风险药品生产企业的地区，还应当配备相应数量的具有疫苗等高风险药品检查技能和经验的药品检查员。

第五十二条　省、自治区、直辖市药品监督管理部门根据监管需要，对持有药品生产许可证的药品上市许可申请人及其受托生产企业，按以下要求进行上市前的药品生产质量管理规范符合性检查：

（一）未通过与生产该药品的生产条件相适应的药品生产质量管理规范符

合性检查的品种，应当进行上市前的药品生产质量管理规范符合性检查。其中，拟生产药品需要进行药品注册现场核查的，国家药品监督管理局药品审评中心通知核查中心，告知相关省、自治区、直辖市药品监督管理部门和申请人。核查中心协调相关省、自治区、直辖市药品监督管理部门，同步开展药品注册现场核查和上市前的药品生产质量管理规范符合性检查；

（二）拟生产药品不需要进行药品注册现场核查的，国家药品监督管理局药品审评中心告知生产场地所在地省、自治区、直辖市药品监督管理部门和申请人，相关省、自治区、直辖市药品监督管理部门自行开展上市前的药品生产质量管理规范符合性检查；

（三）已通过与生产该药品的生产条件相适应的药品生产质量管理规范符合性检查的品种，相关省、自治区、直辖市药品监督管理部门根据风险管理原则决定是否开展上市前的药品生产质量管理规范符合性检查。

开展上市前的药品生产质量管理规范符合性检查的，在检查结束后，应当将检查情况、检查结果等形成书面报告，作为对药品上市监管的重要依据。上市前的药品生产质量管理规范符合性检查涉及药品生产许可证事项变更的，由原发证的省、自治区、直辖市药品监督管理部门依变更程序作出决定。

通过相应上市前的药品生产质量管理规范符合性检查的商业规模批次，在取得药品注册证书后，符合产品放行要求的可以上市销售。药品上市许可持有人应当重点加强上述批次药品的生产销售、风险管理等措施。

第五十三条　药品生产监督检查的主要内容包括：

（一）药品上市许可持有人、药品生产企业执行有关法律、法规及实施药品生产质量管理规范、药物警戒质量管理规范以及有关技术规范等情况；

（二）药品生产活动是否与药品品种档案载明的相关内容一致；

（三）疫苗储存、运输管理规范执行情况；

（四）药品委托生产质量协议及委托协议；

（五）风险管理计划实施情况；

（六）变更管理情况。

监督检查包括许可检查、常规检查、有因检查和其他检查。

第五十四条　省、自治区、直辖市药品监督管理部门应当坚持风险管理、全程管控原则，根据风险研判情况，制定年度检查计划并开展监督检查。年度检查计划至少包括检查范围、内容、方式、重点、要求、时限、承担检查的机构等。

第五十五条　省、自治区、直辖市药品监督管理部门应当根据药品品种、剂型、管制类别等特点，结合国家药品安全总体情况、药品安全风险警示信息、重大药品安全事件及其调查处理信息等，以及既往检查、检验、不良反应监测、投诉举报等情况确定检查频次：

（一）对麻醉药品、第一类精神药品、药品类易制毒化学品生产企业每季度检查不少于一次；

（二）对疫苗、血液制品、放射性药品、医疗用毒性药品、无菌药品等高风险药品生产企业，每年不少于一次药品生产质量管理规范符合性检查；

（三）对上述产品之外的药品生产企业，每年抽取一定比例开展监督检查，但应当在三年内对本行政区域内企业全部进行检查；

（四）对原料、辅料、直接接触药品的包装材料和容器等供应商、生产企业每年抽取一定比例开展监督检查，五年内对本行政区域内企业全部进行检查。

省、自治区、直辖市药品监督管理部门可以结合本行政区域内药品生产监管工作实际情况，调整检查频次。

第五十六条　国家药品监督管理局和省、自治区、直辖市药品监督管理部门组织监督检查时，应当制定检查方案，明确检查标准，如实记录现场检查情况，需要抽样检验或者研究的，按照有关规定执行。检查结论应当清晰明确，检查发现的问题应当以书面形式告知被检查单位。需要整改的，应当提出整改内容及整改期限，必要时对整改后情况实施检查。

在进行监督检查时，药品监督管理部门应当指派两名以上检查人员实施监督检查，检查人员应当向被检查单位出示执法证件。药品监督管理部门工作人员对知悉的商业秘密应当保密。

第五十七条　监督检查时，药品上市许可持有人和药品生产企业应当根据检查需要说明情况、提供有关材料：

（一）药品生产场地管理文件以及变更材料；

（二）药品生产企业接受监督检查及整改落实情况；

（三）药品质量不合格的处理情况；

（四）药物警戒机构、人员、制度制定情况以及疑似药品不良反应监测、识别、评估、控制情况；

（五）实施附条件批准的品种，开展上市后研究的材料；

（六）需要审查的其他必要材料。

第五十八条 现场检查结束后，应当对现场检查情况进行分析汇总，并客观、公平、公正地对检查中发现的缺陷进行风险评定并作出现场检查结论。

派出单位负责对现场检查结论进行综合研判。

第五十九条 国家药品监督管理局和省、自治区、直辖市药品监督管理部门通过监督检查发现药品生产管理或者疫苗储存、运输管理存在缺陷，有证据证明可能存在安全隐患的，应当依法采取相应措施：

（一）基本符合药品生产质量管理规范要求，需要整改的，应当发出告诫信并依据风险相应采取告诫、约谈、限期整改等措施；

（二）药品存在质量问题或者其他安全隐患的，药品监督管理部门根据监督检查情况，应当发出告诫信，并依据风险相应采取暂停生产、销售、使用、进口等控制措施。

药品存在质量问题或者其他安全隐患的，药品上市许可持有人应当依法召回药品而未召回的，省、自治区、直辖市药品监督管理部门应当责令其召回。

风险消除后，采取控制措施的药品监督管理部门应当解除控制措施。

第六十条 开展药品生产监督检查过程中，发现存在药品质量安全风险的，应当及时向派出单位报告。药品监督管理部门经研判属于重大药品质量安全风险的，应当及时向上一级药品监督管理部门和同级地方人民政府报告。

第六十一条 开展药品生产监督检查过程中，发现存在涉嫌违反药品法律、法规、规章的行为，应当及时采取现场控制措施，按照规定做好证据收集工作。药品监督管理部门应当按照职责和权限依法查处，涉嫌犯罪的移送公安机关处理。

第六十二条 省、自治区、直辖市药品监督管理部门应当依法将本行政区域内药品上市许可持有人和药品生产企业的监管信息归入到药品安全信用档案管理，并保持相关数据的动态更新。监管信息包括药品生产许可、日常监督检查结果、违法行为查处、药品质量抽查检验、不良行为记录和投诉举报等内容。

第六十三条 国家药品监督管理局和省、自治区、直辖市药品监督管理部门在生产监督管理工作中，不得妨碍药品上市许可持有人、药品生产企业的正常生产活动，不得索取或者收受财物，不得谋取其他利益。

第六十四条 个人和组织发现药品上市许可持有人或者药品生产企业进行违法生产活动的，有权向药品监督管理部门举报，药品监督管理部门应当按照有关规定及时核实、处理。

第六十五条 发生与药品质量有关的重大安全事件，药品上市许可持有人应当立即对有关药品及其原料、辅料以及直接接触药品的包装材料和容器、相关生产线等采取封存等控制措施，并立即报告所在地省、自治区、直辖市药品监督管理部门和有关部门，省、自治区、直辖市药品监督管理部门应当在二十四小时内报告省级人民政府，同时报告国家药品监督管理局。

第六十六条 省、自治区、直辖市药品监督管理部门对有不良信用记录的药品上市许可持有人、药品生产企业，应当增加监督检查频次，并可以按照国家规定实施联合惩戒。

第六十七条 省、自治区、直辖市药品监督管理部门未及时发现生产环节药品安全系统性风险，未及时消除监督管理区域内药品安全隐患的，或者省级人民政府未履行药品安全职责，未及时消除区域性重大药品安全隐患的，国家药品监督管理局应当对其主要负责人进行约谈。

被约谈的省、自治区、直辖市药品监督管理部门和地方人民政府应当立即采取措施，对药品监督管理工作进行整改。

约谈情况和整改情况应当纳入省、自治区、直辖市药品监督管理部门和地方人民政府药品监督管理工作评议、考核记录。

第五章　法律责任

第六十八条　有下列情形之一的，按照《药品管理法》第一百一十五条给予处罚：

（一）药品上市许可持有人和药品生产企业变更生产地址、生产范围应当经批准而未经批准的；

（二）药品生产许可证超过有效期限仍进行生产的。

第六十九条　药品上市许可持有人和药品生产企业未按照药品生产质量管理规范的要求生产，有下列情形之一，属于《药品管理法》第一百二十六条规定的情节严重情形的，依法予以处罚：

（一）未配备专门质量负责人独立负责药品质量管理、监督质量管理规范执行；

（二）药品上市许可持有人未配备专门质量受权人履行药品上市放行责任；

（三）药品生产企业未配备专门质量受权人履行药品出厂放行责任；

（四）质量管理体系不能正常运行，药品生产过程控制、质量控制的记录和数据不真实；

（五）对已识别的风险未及时采取有效的风险控制措施，无法保证产品质量；

（六）其他严重违反药品生产质量管理规范的情形。

第七十条　辅料、直接接触药品的包装材料和容器的生产企业及供应商未遵守国家药品监督管理局制定的质量管理规范等相关要求，不能确保质量保证体系持续合规的，由所在地省、自治区、直辖市药品监督管理部门按照《药品管理法》第一百二十六条的规定给予处罚。

第七十一条　药品上市许可持有人和药品生产企业有下列情形之一的，由所在地省、自治区、直辖市药品监督管理部门处一万元以上三万元以下的罚款：

（一）企业名称、住所（经营场所）、法定代表人未按规定办理登记事项变更；

（二）未按照规定每年对直接接触药品的工作人员进行健康检查并建立健康档案；

（三）未按照规定对列入国家实施停产报告的短缺药品清单的药品进行停产报告。

第七十二条 药品监督管理部门有下列行为之一的，对直接负责的主管人员和其他直接责任人员按照《药品管理法》第一百四十九条的规定给予处罚：

（一）瞒报、谎报、缓报、漏报药品安全事件；

（二）对发现的药品安全违法行为未及时查处；

（三）未及时发现药品安全系统性风险，或者未及时消除监督管理区域内药品安全隐患，造成严重影响；

（四）其他不履行药品监督管理职责，造成严重不良影响或者重大损失。

第六章 附 则

第七十三条 本办法规定的期限以工作日计算。药品生产许可中技术审查和评定、现场检查、企业整改等所需时间不计入期限。

第七十四条 场地管理文件，是指由药品生产企业编写的药品生产活动概述性文件，是药品生产企业质量管理文件体系的一部分。场地管理文件有关要求另行制定。

经批准或者关联审评审批的原料药、辅料和直接接触药品的包装材料和容器生产场地、境外生产场地一并赋予统一编码。

第七十五条 告诫信，是指药品监督管理部门在药品监督管理活动中，对有证据证明可能存在安全隐患的，依法发出的信函。告诫信应当载明存在缺陷、问题和整改要求。

第七十六条 药品生产许可证编号格式为“省份简称＋四位年号＋四位顺序号”。企业变更名称等许可证项目以及重新发证，原药品生产许可证编号不变。

企业分立，在保留原药品生产许可证编号的同时，增加新的编号。企业合并，原药品生产许可证编号保留一个。

第七十七条 分类码是对许可证内生产范围进行统计归类的英文字母串。大写字母用于归类药品上市许可持有人和产品类型，包括：A 代表自行生产的药品上市许可持有人、B 代表委托生产的药品上市许可持有人、C 代表接受委托的药品生产企业、D 代表原料药生产企业；小写字母用于区分制剂属性，h 代表化学药、z 代表中成药、s 代表生物制品、d 代表按药品管理的体外诊断试剂、y 代表中药饮片、q 代表医用气体、t 代表特殊药品、x 代表其他。

第七十八条 药品生产许可证的生产范围应当按照《中华人民共和国药典》制剂通则及其他的国家药品标准等要求填写。

第七十九条 国家有关法律、法规对生产疫苗、血液制品、麻醉药品、精神药品、医疗用毒性药品、放射性药品、药品类易制毒化学品等另有规定的，依照其规定。

第八十条 出口的疫苗应当符合进口国（地区）的标准或者合同要求。

第八十一条 本办法自 2020 年 7 月 1 日起施行。2004 年 8 月 5 日原国家食品药品监督管理局令第 14 号公布的《药品生产监督管理办法》同时废止。

2.2 《药品生产监督管理办法》有关事项

国家药监局关于实施新修订《药品生产监督管理办法》有关事项的公告

（2020年第47号）

《药品生产监督管理办法》（国家市场监督管理总局令第28号，以下简称《生产办法》）已发布，自2020年7月1日起施行。为进一步做好药品生产监管工作，国家药品监督管理局现将有关事项公告如下：

一、自2020年7月1日起，从事制剂、原料药、中药饮片生产活动的申请人，新申请药品生产许可，应当按照《生产办法》有关规定办理。

在2020年7月1日前，已受理但尚未批准的药品生产许可申请，在《生产办法》施行后，应当按照《生产办法》有关规定进行办理。

生产许可现场检查验收标准应当符合《中华人民共和国药品管理法》及实施条例有关规定和药品生产质量管理规范相关要求。《药品生产许可证》许可范围在正本应当载明剂型，在副本应当载明车间和生产线。

二、现有《药品生产许可证》在有效期内继续有效。《生产办法》施行后，对于药品生产企业申请变更、重新发证、补发等的，应当按照《生产办法》有关要求进行审查，符合规定的，发给新的《药品生产许可证》。变更、补发的原有效期不变，重新发证的有效期自发证之日起计算。

三、已取得《药品生产许可证》的药品上市许可持有人（以下称“持有人”）委托生产制剂的，按照《生产办法》第十六条有关变更生产地址或者生产范围的规定办理，委托双方的企业名称、品种名称、批准文号、有效期等有关变更情况，应当在《药品生产许可证》副本中载明。

委托双方在同一个省的，持有人应当向所在地省级药品监管部门提交相关申请材料，受托方应当配合持有人提供相关材料。省级药品监管部门应当对持有人提交的申请材料进行审查，并对受托方生产药品的车间和生产线开展现场检查，作出持有人变更生产地址或者生产范围的决定。

委托双方不在同一个省的，受托方应当通过所在地省级药品监管部门对受托方生产药品的车间和生产线的现场检查，配合持有人提供相关申请材料。持有人所在地省级药品监管部门应当对持有人提交的申请材料进行审查，并结合受托方所在地省级药品监管部门出具的现场检查结论，作出持有人变更生产地址或者生产范围的决定。

委托生产涉及的车间或者生产线没有经过药品生产质量管理规范符合性检查（以下简称“GMP符合性检查”），所在地省级药品监管部门应当进行GMP符合性检查。

四、原已经办理药品委托生产批件的，在有效期内继续有效。《生产办法》实施后，委托双方任何一方的《药品生产许可证》到期、变更、重新审查发证、补发的，或者药品委托生产批件到期的，原委托生产应当终止，需要继续委托生产的，应当按照《生产办法》有关生产地址和生产范围变更的规定以及本公告的要求办理。药品委托生产不再单独发放药品委托生产批件。

五、2020年7月1日前，已依法取得《药品生产许可证》，且其车间或者生产线未进行GMP符合性检查的，应当按照《生产办法》规定进行GMP符合性检查。

六、持有人委托生产制剂的，应当与符合条件的药品生产企业签订委托协议和质量协议，委托协议和质量协议的内容应当符合有关法律法规规定。国家药监局发布药品委托生产质量协议指南后，委托双方应当按照要求对委托协议和质量协议进行完善和补充签订。

七、持有人试点期间至新修订《药品注册管理办法》实施前，以委托生产形式获得批准上市的，其持有人应在2020年7月1日前向所在地省级药品监管部门申请办理《药品生产许可证》。各级药品监管部门应当按照药品上市许可持有人检查工作程序及检查要点的规定，依职责加强持有人在注册、生产、经营等环节的监督检查。

八、各级药品监督管理部门要加强领导、统筹部署，结合本行政区域的工作实际，做好《生产办法》的宣贯和培训。要全面贯彻药品监管“四个最严”要求，严格落实药品管理法律法规规章等规定，按照属地监管原则，加大生产环节的监管力度，加强跨省委托生产监管和信息通报，统筹安排2020年《药品生产许可证》重新审查发证工作，确保监管力度不减、标准不降、监管不断，保证药品质量安全。

九、《生产办法》和本公告中涉及的相关表格见附件。工作中遇到的重大问题，应当及时报告国家药监局。

特此公告。

附件：1.药品生产许可证申请材料清单

2.药品生产质量管理规范符合性检查申请材料清单

3.药品生产许可证申请表

4.药品生产质量管理规范符合性检查申请表

国家药监局

2020年3月30日

2.2.1 药品生产许可证申请材料清单

（国家药品监督管理局2020年第47号公告附件1）

药品生产许可证申请材料清单

（药品上市许可持有人自行生产的情形）

1. 药品生产许可证申请表；

2. 基本情况，包括企业名称、生产线、拟生产品种、剂型、工艺及生产能力（含储备产能）；

3. 企业的场地、周边环境、基础设施、设备等条件说明以及投资规模等情况说明；

4. 营业执照（申请人不需要提交，监管部门自行查询）；

5. 组织机构图（注明各部门的职责及相互关系、部门负责人）；

6. 法定代表人、企业负责人、生产负责人、质量负责人、质量受权人及部门负责人简历、学历、职称证书和身份证（护照）复印件；依法经过资格认定的药学及相关专业技术人员、工程技术人员、技术工人登记表，并标明所在部门及岗位；高级、中级、初级技术人员的比例情况表；

7. 周边环境图、总平面布置图、仓储平面布置图、质量检验场所平面布置图；

8. 生产工艺布局平面图（包括更衣室、盥洗间、人流和物流通道、气闸等，并标明人、物流向和空气洁净度等级），空气净化系统的送风、回风、排风平面布置图，工艺设备平面布置图；

9. 拟生产的范围、剂型、品种、质量标准及依据；

10. 拟生产剂型及品种的工艺流程图，并注明主要质量控制点与项目、拟共线生产情况；

11. 空气净化系统、制水系统、主要设备确认或验证概况；生产、检验用仪器、仪表、衡器校验情况；

12. 主要生产设备及检验仪器目录；

13. 生产管理、质量管理主要文件目录；

14. 药品出厂、上市放行规程；

15. 申请材料全部内容真实性承诺书；

16. 凡申请企业申报材料时，申请人不是法定代表人或负责人本人，企业应当提交《授权委托书》；

17. 按申请材料顺序制作目录。

中药饮片等参照自行生产的药品上市许可持有人申请要求提交相关资料。疫苗上市许可持有人还应当提交疫苗的储存、运输管理情况，并明确相关的单位及配送方式。

药品生产许可证申请材料清单

（药品上市许可持有人委托他人生产的情形）

1. 药品生产许可证申请表；

2. 基本情况，包括企业名称、拟生产品种、剂型、工艺及生产能力（含储备产能）；

3. 营业执照（申请人不需要提交，监管部门自行查询）；

4. 组织机构图（注明各部门的职责及相互关系、部门负责人）；

5. 法定代表人、企业负责人、生产负责人、质量负责人、质量受权人及部门负责人简历、学历、职称证书和身份证（护照）复印件；依法经过资格认定的药学及相关专业技术人员登记表，并标明所在部门及岗位；高级、中级、初级技术人员的比例情况表；

6. 拟委托生产的范围、剂型、品种、质量标准及依据；

7. 拟委托生产剂型及品种的工艺流程图，并注明主要质量控制点与项目、受托方共线生产情况；

8. 生产管理、质量管理主要文件目录；

9. 药品上市放行规程；

10. 委托协议和质量协议；

11. 持有人确认受托方具有受托生产条件、技术水平和质量管理能力的评估报告；

12. 受托方相关材料

（1）受托方药品生产许可证正副本复印件；

（2）受托方药品生产企业的场地、周边环境、基础设施、设备等情况说明；

（3）受托方周边环境图、总平面布置图、仓储平面布置图、质量检验场所平面布置图；

（4）受托方生产工艺布局平面图（包括更衣室、盥洗间、人流和物流通道、气闸等，并标明人、物流向和空气洁净度等级），空气净化系统的送风、回风、排风平面布置图，工艺设备平面布置图；

（5）受托方空气净化系统、制水系统、主要设备确认或验证概况；生产、检验仪器、仪表、衡器校验情况；

（6）受托方主要生产设备及检验仪器目录；

（7）受托方药品出厂放行规程；

（8）受托方所在地省级药品监管部门出具的通过药品 GMP 符合性检查告知书以及同意受托生产的意见；

13. 申请材料全部内容真实性承诺书；

14. 凡申请企业申报材料时，申请人不是法定代表人或负责人本人，企业应当提交《授权委托书》；

15. 按申请材料顺序制作目录。

药品生产许可证申请材料清单

（药品生产企业接受委托生产的情形）

1. 药品生产许可证申请表；

2. 基本情况，包括企业名称、拟生产品种、剂型、工艺及生产能力（含储备产能）；

3. 企业的场地、周边环境、基础设施、设备等条件说明以及投资规模等情况说明；

4. 营业执照（申请人不需要提交，监管部门自行查询）；

5. 组织机构图（注明各部门的职责及相互关系、部门负责人）；

6. 法定代表人、企业负责人、生产负责人、质量负责人、质量受权人及部门负责人简历、学历、职称证书和身份证（护照）复印件；依法经过资格认定的药学及相关专业技术人员、工程技术人员、技术工人登记表，并标明所在部门及岗位；高级、中级、初级技术人员的比例情况表；

7. 周边环境图、总平面布置图、仓储平面布置图、质量检.验场所平面布置图；

8. 生产工艺布局平面图（包括更衣室、盥洗间、人流和物流通道、气闸等，并标明人、物流向和空气洁净度等级），空气净化系统的送风、回风、排风平面布置图，工艺设备平面布置图；

9. 拟接受委托生产的范围、剂型、品种、质量标准及依据；

10. 拟接受委托生产剂型及品种的工艺流程图，并注明主要质量控制点与项目、拟共线生产情况；

11. 空气净化系统、制水系统、主要设备确认或验证概况；生产、检验仪器、仪表、衡器校验情况；

12. 主要生产设备及检验仪器目录；

13. 生产管理、质量管理主要文件目录；

14. 药品出厂放行规程；

15. 委托协议和质量协议；

16. 申请材料全部内容真实性承诺书；

17. 凡申请企业申报材料时，申请人不是法定代表人或负责人本人，企业应当提交《授权委托书》；

18. 按申请材料顺序制作目录。

药品生产许可证申请材料清单

（原料药生产企业的情形）

1. 药品生产许可证申请表；

2. 基本情况，包括企业名称、拟生产品种、工艺及生产能力（含储备产能）；

3. 企业的场地、周边环境、基础设施、设备等条件说明以及投资规模等情况说明；

4. 营业执照（申请人不需要提交，监管部门自行查询）；

5. 组织机构图（注明各部门的职责及相互关系、部门负责人）；

6. 法定代表人、企业负责人、生产负责人、质量负责人、质量受权人及部门负责人简历、学历、职称证书和身份证（护照）复印件；依法经过资格认定的药学及相关专业技术人员、工程技术人员、技术工人登记表，并标明所在部门及岗位；高级、中级、初级技术人员的比例情况表；

7. 周边环境图、总平面布置图、仓储平面布置图、质量检验场所平面布置图；

8. 生产工艺布局平面图（包括更衣室、盥洗间、人流和物流通道、气闸等，并标明人、物流向和空气洁净度等级、合成及精干包区），空气净化系统的送风、回风、排风平面布置图，工艺设备平面布置图；

9. 拟生产的品种、质量标准及依据；

10. 拟生产品种的工艺流程图，并注明主要质量控制点与项目、拟共线生产情况；

11. 空气净化系统、制水系统、主要设备确认或验证概况；生产、检验仪器、仪表、衡器校验情况；

12. 主要生产设备及检验仪器目录；

13. 生产管理、质量管理主要文件目录；

14. 药品出厂放行规程；

15. 申请材料全部内容真实性承诺书；

16. 凡申请企业申报材料时，申请人不是法定代表人或负责人本人，企业应当提交《授权委托书》；

17. 按申请材料顺序制作目录。

2.2.2 药品生产质量管理规范符合性检查申请材料清单

（国家药监局2020年第47号公告附件2）

1. 药品生产质量管理规范符合性检查申请表；

2.《药品生产许可证》和《营业执照》（申请人不需要提交，监管部门自行查询）；

3. 药品生产管理和质量管理自查情况（包括企业概况及历史沿革情况、生产和质量管理情况，上次GMP符合性检查后关键人员、品种、软件、硬件条件的变化情况，上次GMP符合性检查后不合格项目的整改情况）；

4. 药品生产企业组织机构图（注明各部门名称、相互关系、部门负责人等）；

5. 药品生产企业法定代表人、企业负责人、生产负责人、质量负责人、质量受权人及部门负责人简历；依法经过资格认定的药学及相关专业技术人员、工程技术人员、技术工人登记表，并标明所在部门及岗位；高、中、初级技术人员占全体员工的比例情况表；

6. 药品生产企业生产范围全部剂型和品种表；申请检查范围剂型和品种表（注明“近三年批次数、产量”），包括依据标准、药品注册证书等有关文件资料的复印件；中药饮片生产企业需提供加工炮制的全部中药饮片品种表，包括依据标准及质量标准，注明“炮制方法、毒性中药饮片”；生物制品生产企业应提交批准的制造检定规程；

7. 药品生产场地周围环境图、总平面布置图、仓储平面布置图、质量检验场所平面布置图；

8. 车间概况（包括所在建筑物每层用途和车间的平面布局、建筑面积、洁净区、空气净化系统等情况。其中对高活性、高致敏、高毒性药品等的生产区域、空气净化系统及设备情况进行重点描述），设备安装平面布置图（包括更衣室、盥洗间、人流和物流通道、气闸等，并标明人、物流向和空气洁净度等级）；空气净化系统的送风、回风、排风平面布置图（无净化要求的除外）；生产检验设备确认及验证情况，人员培训情况；

9. 申请检查范围的剂型或品种的工艺流程图，并注明主要过程控制点及控制项目；提供关键工序、主要设备清单，包括设备型号，规格；

10. 主要生产及检验设备、制水系统及空气净化系统的确认及验证情况；与药品生产质量相关的关键计算机化管理系统的验证情况；申请检查范围的剂型或品种的三批工艺验证情况，清洁验证情况；

11. 关键检验仪器、仪表、量具、衡器校验情况；

12. 药品生产管理、质量管理文件目录；

13. 申请材料全部内容真实性承诺书；

14. 凡申请企业申报材料时，申请人不是法定代表人或负责人本人，企业应当提交《授权委托书》；

15. 按申请材料顺序制作目录。

2.2.3 药品生产许可证申请表

（国家药监局2020年第47号公告附件3）

申请编号：

药品生产许可证申请表

申请单位名称：______________________________（公章）

填表日期：______________________________

国家药品监督管理局制

填表说明

一、本表申请编号由各省、自治区、直辖市药品监督管理局填写。换发许可证申请编号格式为：HF＋省份简称＋四位年号＋四位数字顺序号；新开办药品生产企业申请许可证编号格式为：XF＋省份简称＋四位年号＋四位数字顺序号。

二、表一申请单位名称、住所（经营场所）、法定代表人、企业类型按市场监督管理部门核准的内容填写。企业负责人、生产负责人、质量负责人、质量受权人按药品监督管理部门核准或备案的情况填写。

三、根据《国务院关于批转发展改革委等部门法人和其他组织统一社会信用代码制度建设总体方案的通知》（国发〔2015〕33号），自2015年10月1日起将推行实施社会信用代码。相关申请单位在按规定取得社会信用代码之前，本表中可暂时填写组织机构代码。

四、生产地址应按企业药品生产车间的实际地址填写。生产范围应按照《中华人民共和国药典》“制剂通则”及其他的国家药品标准等要求填写，并填写相应的药品GMP符合性检查范围。

五、生产能力计算单位：万瓶、万支、万片、万粒、万袋、吨等。

六、本表一式两份，内容应准确完整，必须使用计算机打印，并提交与之一致的电子文件。电子表格可在国家药品监督管理局网站下载（网址：www.nmpa.gov.cn）。

表一

基本情况

<table>
<tr><td>申请单位名称</td><td colspan="5"></td></tr>
<tr><td>住所（经营场所）</td><td colspan="5"></td></tr>
<tr><td>统一社会信用代码</td><td colspan="2"></td><td colspan="2">住所（经营场所）邮编</td><td></td></tr>
<tr><td>原药品生产许可证编号</td><td colspan="2"></td><td colspan="2">企业类型</td><td></td></tr>
<tr><td colspan="2">三资企业外方国别或地区及名称</td><td colspan="4"></td></tr>
<tr><td>企业始建日期</td><td colspan="2"></td><td colspan="2">最近更名日期</td><td></td></tr>
<tr><td>隶属企业集团</td><td>是口
否口</td><td>企业集团名称</td><td></td><td>社会信用代码</td><td></td></tr>
<tr><td>法定代表人</td><td></td><td>职称</td><td></td><td>所学专业</td><td></td></tr>
<tr><td>毕业院校</td><td></td><td>身份证号</td><td colspan="3"></td></tr>
<tr><td>企业负责人</td><td></td><td>职称</td><td></td><td>所学专业</td><td></td></tr>
<tr><td>毕业院校</td><td></td><td>身份证号</td><td colspan="3"></td></tr>
<tr><td>质量负责人</td><td></td><td>职称</td><td></td><td>所学专业</td><td></td></tr>
<tr><td>毕业院校</td><td></td><td>身份证号</td><td colspan="3"></td></tr>
<tr><td>生产负责人</td><td></td><td>职称</td><td></td><td>所学专业</td><td></td></tr>
<tr><td>毕业院校</td><td></td><td>身份证号</td><td colspan="3"></td></tr>
<tr><td>质量受权人</td><td></td><td>职称</td><td></td><td>所学专业</td><td></td></tr>
<tr><td>毕业院校</td><td></td><td>身份证号</td><td colspan="3"></td></tr>
<tr><td>职工人数（人）</td><td></td><td colspan="2">其中：技术人员（人）</td><td colspan="2"></td></tr>
<tr><td>高级职称（人）</td><td></td><td colspan="2">初中级职称（人）</td><td colspan="2"></td></tr>
<tr><td>研究生及以上学历（人）</td><td></td><td colspan="2">本科专科学历（人）</td><td colspan="2"></td></tr>
<tr><td>固定资产原值（万元）</td><td></td><td colspan="2">固定资产净值(万元）</td><td colspan="2"></td></tr>
<tr><td>厂区占地面积（平米）</td><td></td><td colspan="2">建筑面积（平米）</td><td colspan="2"></td></tr>
</table>

续表

<table>
<tr><td colspan="2">上年度产值（万元）</td><td colspan="2"></td><td colspan="2">上年度利润（万元）</td><td colspan="2"></td></tr>
<tr><td colspan="2">原料药注册/登记品种数</td><td colspan="2"></td><td colspan="2">制剂注册品种数</td><td colspan="2"></td></tr>
<tr><td colspan="2">其他类注册产品数</td><td colspan="2"></td><td colspan="2">常年生产品种数</td><td colspan="2"></td></tr>
<tr><td colspan="2">生产方式</td><td colspan="6">□自行生产　□委托生产　□受托生产　□原料药</td></tr>
<tr><td colspan="2">联系人</td><td colspan="2"></td><td>手机</td><td colspan="3"></td></tr>
<tr><td>传真</td><td></td><td>固定电话</td><td colspan="2"></td><td colspan="2">e-mail</td><td></td></tr>
<tr><td>备注</td><td colspan="7"></td></tr>
</table>

表二

具备生产条件的生产范围

生产企业名称	生产地址	生产范围	年生产能力	计算单位	生产线（条）	药品 GMP 符合性检查编号	药品 GMP 符合性检查范围
备注：							

注：填写空间不够，可另加附页。

表三

通过境外药品 GMP 认证（检查）情况

认证（检查）名称	认证（检查）范围	通过认证（检查）日期	认证（检查）机构名称	国家（地区、组织）名称	涉及品种名称	备注

注：填写空间不够，可另加附页。

2.2.4 药品生产质量管理规范符合性检查申请表

（国家药监局2020年第47号公告附件4）

受理编号：

药品生产质量管理规范符合性检查

申 请 表

申请单位：（公章）

所 在 地：

省、自治区、直辖市

填报日期：

年 月 日

受理日期：

年 月 日

国家药品监督管理局制

填报说明

1. 根据《国务院关于批转发展改革委等部门法人和其他组织统一社会信用代码制度建设总体方案的通知》（国发〔2015〕33号），自2015年10月1日起将推行实施社会信用代码。相关申请单位在按规定取得社会信用代码之前，本表中可暂时填写组织机构代码。

2. 企业类型：按《企业法人营业执照》上企业类型填写。三资企业请注明投资外方的国别或港、澳、台地区。

企业名称、生产地址等英文表述应与有关部门备案或核准一致。

3. 生产类别：应按现行版本《中华人民共和国药典》“制剂通则”中的剂型详细填写。

4. 检查范围：应按照《中华人民共和国药典》“制剂通则”及其他的国家药品标准等要求填写。检查范围应当填写到车间和生产线。

青霉素类、头孢菌素类、激素类、抗肿瘤药、避孕药、中药提取车间在括弧内注明；原料药应在括弧内注明品种名称；放射性药品、生物制品应在括弧内注明品种名称和相应剂型。

5. 固定资产和投资额计算单位：万元。生产能力计算单位：万瓶、万支、万片、万粒、万袋、吨等。

6. 联系电话号码前标明所在地区长途电话区号。

7. 受理编号及受理日期由受理单位填写。受理编号为：省、自治区、直辖市简称＋年号＋四位数字顺序号。

8. 申请书填写内容应准确完整，并按照《药品生产质量管理规范符合性检查申请资料》要求报送申请资料，要求用A4纸打印，左侧装订。

9. 报送申请书一式2份，申请资料1份。

<table>
<tr><td rowspan="2">企业名称</td><td>中文</td><td colspan="4"></td></tr>
<tr><td>英文</td><td colspan="4"></td></tr>
<tr><td>住所(经营场所)</td><td>中文</td><td colspan="4"></td></tr>
<tr><td rowspan="2">生产地址</td><td>中文</td><td colspan="4"></td></tr>
<tr><td>英文</td><td colspan="4"></td></tr>
<tr><td colspan="2">住所（经营场所）邮政编码</td><td></td><td>生产地址邮政编码</td><td colspan="2"></td></tr>
<tr><td colspan="2">统一社会信用代码</td><td></td><td>药品生产许可证编号</td><td colspan="2"></td></tr>
<tr><td colspan="2">生产类别</td><td colspan="4"></td></tr>
<tr><td colspan="2">企业类型</td><td></td><td>三资企业外方国别或地区</td><td colspan="2"></td></tr>
<tr><td colspan="2">企业始建时间</td><td>年　月　日</td><td>最近更名时间</td><td colspan="2">年　月　日</td></tr>
<tr><td colspan="2">职工人数</td><td></td><td>技术人员比例</td><td colspan="2"></td></tr>
<tr><td colspan="2">法定代表人</td><td>职 称</td><td></td><td>所学专业</td><td></td></tr>
<tr><td colspan="2">企业负责人</td><td>职 称</td><td></td><td>所学专业</td><td></td></tr>
<tr><td colspan="2">质量负责人</td><td>职 称</td><td></td><td>所学专业</td><td></td></tr>
<tr><td colspan="2">生产 负责人</td><td>职 称</td><td></td><td>所学专业</td><td></td></tr>
<tr><td colspan="2">质量受权人</td><td>职 称</td><td></td><td>所学专业</td><td></td></tr>
<tr><td colspan="2">联 系 人</td><td>电 话</td><td></td><td>手 机</td><td></td></tr>
<tr><td colspan="2">传 真</td><td>e-mail</td><td colspan="3"></td></tr>
<tr><td colspan="2">企业网址</td><td colspan="4"></td></tr>
<tr><td colspan="2">固定资产原值（万元）</td><td></td><td>固定资产净值（万元）</td><td colspan="2"></td></tr>
<tr><td colspan="2">厂区占地面积（平方米）</td><td></td><td>建筑面积（平方米）</td><td colspan="2"></td></tr>
<tr><td colspan="2">上年工业总产值（万元）</td><td></td><td>销售收入（万元）</td><td colspan="2"></td></tr>
<tr><td>利润（万元）</td><td></td><td>税金(万元）</td><td></td><td>创汇（万美元）</td><td></td></tr>
<tr><td>原料药品种（个）</td><td></td><td>制剂品种（个）</td><td></td><td>常年生产品种（个）</td><td></td></tr>
<tr><td colspan="6">本次 GMP 符合性检查是企业第[ ]次　属于 □新建 □改建 □扩建 □其他</td></tr>
<tr><td rowspan="2">申请检查范围</td><td>中文</td><td colspan="4"></td></tr>
<tr><td>英文</td><td colspan="4"></td></tr>
<tr><td>备注</td><td colspan="5"></td></tr>
</table>

2.3 药品生产质量管理规范（2010年修订）

（2011年1月17日中华人民共和国卫生部令第79号）

中华人民共和国卫生部令

第79号

《药品生产质量管理规范（2010年修订）》已于2010年10月19日经卫生部部务会议审议通过，现予以发布，自2011年3月1日起施行。

部长　陈　竺

二〇一一年一月十七日

药品生产质量管理规范（2010年修订）

第一章　总　则

第一条　为规范药品生产质量管理，根据《中华人民共和国药品管理法》《中华人民共和国药品管理法实施条例》，制定本规范。

第二条　企业应当建立药品质量管理体系。该体系应当涵盖影响药品质量的所有因素，包括确保药品质量符合预定用途的有组织、有计划的全部活动。

第三条　本规范作为质量管理体系的一部分，是药品生产管理和质量控制的基本要求，旨在最大限度地降低药品生产过程中污染、交叉污染以及混淆、差错等风险，确保持续稳定地生产出符合预定用途和注册要求的药品。

第四条 企业应当严格执行本规范，坚持诚实守信，禁止任何虚假、欺骗行为。

第二章 质量管理

第一节 原 则

第五条 企业应当建立符合药品质量管理要求的质量目标，将药品注册的有关安全、有效和质量可控的所有要求，系统地贯彻到药品生产、控制及产品放行、贮存、发运的全过程中，确保所生产的药品符合预定用途和注册要求。

第六条 企业高层管理人员应当确保实现既定的质量目标，不同层次的人员以及供应商、经销商应当共同参与并承担各自的责任。

第七条 企业应当配备足够的、符合要求的人员、厂房、设施和设备，为实现质量目标提供必要的条件。

第二节 质量保证

第八条 质量保证是质量管理体系的一部分。企业必须建立质量保证系统，同时建立完整的文件体系，以保证系统有效运行。

第九条 质量保证系统应当确保：

（一）药品的设计与研发体现本规范的要求；

（二）生产管理和质量控制活动符合本规范的要求；

（三）管理职责明确；

（四）采购和使用的原辅料和包装材料正确无误；

（五）中间产品得到有效控制；

（六）确认、验证的实施；

（七）严格按照规程进行生产、检查、检验和复核；

（八）每批产品经质量受权人批准后方可放行；

（九）在贮存、发运和随后的各种操作过程中有保证药品质量的适当措施；

（十）按照自检操作规程，定期检查评估质量保证系统的有效性和适用性。

第十条 药品生产质量管理的基本要求：

（一）制定生产工艺，系统地回顾并证明其可持续稳定地生产出符合要求的产品；

（二）生产工艺及其重大变更均经过验证；

（三）配备所需的资源，至少包括：

1. 具有适当的资质并经培训合格的人员；

2. 足够的厂房和空间；

3. 适用的设备和维修保障；

4. 正确的原辅料、包装材料和标签；

5. 经批准的工艺规程和操作规程；

6. 适当的贮运条件。

（四）应当使用准确、易懂的语言制定操作规程；

（五）操作人员经过培训，能够按照操作规程正确操作；

（六）生产全过程应当有记录，偏差均经过调查并记录；

（七）批记录和发运记录应当能够追溯批产品的完整历史，并妥善保存、便于查阅；

（八）降低药品发运过程中的质量风险；

（九）建立药品召回系统，确保能够召回任何一批已发运销售的产品；

（十）调查导致药品投诉和质量缺陷的原因，并采取措施，防止类似质量缺陷再次发生。

第三节　质量控制

第十一条　质量控制包括相应的组织机构、文件系统以及取样、检验等，确保物料或产品在放行前完成必要的检验，确认其质量符合要求。

第十二条　质量控制的基本要求：

（一）应当配备适当的设施、设备、仪器和经过培训的人员，有效、可靠地完成所有质量控制的相关活动；

（二）应当有批准的操作规程，用于原辅料、包装材料、中间产品、待包装产品和成品的取样、检查、检验以及产品的稳定性考察，必要时进行环境监测，以确保符合本规范的要求；

（三）由经授权的人员按照规定的方法对原辅料、包装材料、中间产品、待包装产品和成品取样；

（四）检验方法应当经过验证或确认；

（五）取样、检查、检验应当有记录，偏差应当经过调查并记录；

（六）物料、中间产品、待包装产品和成品必须按照质量标准进行检查和检验，并有记录；

（七）物料和最终包装的成品应当有足够的留样，以备必要的检查或检验；除最终包装容器过大的成品外，成品的留样包装应当与最终包装相同。

第四节　质量风险管理

第十三条　质量风险管理是在整个产品生命周期中采用前瞻或回顾的方式，对质量风险进行评估、控制、沟通、审核的系统过程。

第十四条　应当根据科学知识及经验对质量风险进行评估，以保证产品质量。

第十五条　质量风险管理过程所采用的方法、措施、形式及形成的文件应当与存在风险的级别相适应。

第三章　机构与人员

第一节　原　则

第十六条　企业应当建立与药品生产相适应的管理机构，并有组织机构图。

企业应当设立独立的质量管理部门，履行质量保证和质量控制的职责。质量管理部门可以分别设立质量保证部门和质量控制部门。

第十七条　质量管理部门应当参与所有与质量有关的活动，负责审核所有与本规范有关的文件。质量管理部门人员不得将职责委托给其他部门的人员。

第十八条　企业应当配备足够数量并具有适当资质（含学历、培训和实践经验）的管理和操作人员，应当明确规定每个部门和每个岗位的职责。岗位职责不得遗漏，交叉的职责应当有明确规定。每个人所承担的职责不应当过多。

所有人员应当明确并理解自己的职责，熟悉与其职责相关的要求，并接受必要的培训，包括上岗前培训和继续培训。

第十九条　职责通常不得委托给他人。确需委托的，其职责可委托给具有相当资质的指定人员。

第二节　关键人员

第二十条　关键人员应当为企业的全职人员，至少应当包括企业负责人、生产管理负责人、质量管理负责人和质量受权人。

质量管理负责人和生产管理负责人不得互相兼任。质量管理负责人和质量受权人可以兼任。应当制定操作规程确保质量受权人独立履行职责，不受企业负责人和其他人员的干扰。

第二十一条 企业负责人

企业负责人是药品质量的主要责任人，全面负责企业日常管理。为确保企业实现质量目标并按照本规范要求生产药品，企业负责人应当负责提供必要的资源，合理计划、组织和协调，保证质量管理部门独立履行其职责。

第二十二条 生产管理负责人

（一）资质：

生产管理负责人应当至少具有药学或相关专业本科学历（或中级专业技术职称或执业药师资格），具有至少三年从事药品生产和质量管理的实践经验，其中至少有一年的药品生产管理经验，接受过与所生产产品相关的专业知识培训。

（二）主要职责：

1. 确保药品按照批准的工艺规程生产、贮存，以保证药品质量；

2. 确保严格执行与生产操作相关的各种操作规程；

3. 确保批生产记录和批包装记录经过指定人员审核并送交质量管理部门；

4. 确保厂房和设备的维护保养，以保持其良好的运行状态；

5. 确保完成各种必要的验证工作；

6. 确保生产相关人员经过必要的上岗前培训和继续培训，并根据实际需要调整培训内容。

第二十三条 质量管理负责人

（一）资质：

质量管理负责人应当至少具有药学或相关专业本科学历（或中级专业技术职称或执业药师资格），具有至少五年从事药品生产和质量管理的实践经验，其中至少一年的药品质量管理经验，接受过与所生产产品相关的专业知识培训。

（二）主要职责：

1. 确保原辅料、包装材料、中间产品、待包装产品和成品符合经注册批准的要求和质量标准；

2. 确保在产品放行前完成对批记录的审核；

3. 确保完成所有必要的检验；

4. 批准质量标准、取样方法、检验方法和其他质量管理的操作规程；

5. 审核和批准所有与质量有关的变更；

6. 确保所有重大偏差和检验结果超标已经过调查并得到及时处理；

7. 批准并监督委托检验；

8. 监督厂房和设备的维护，以保持其良好的运行状态；

9. 确保完成各种必要的确认或验证工作，审核和批准确认或验证方案和报告；

10. 确保完成自检；

11. 评估和批准物料供应商；

12. 确保所有与产品质量有关的投诉已经过调查，并得到及时、正确的处理；

13. 确保完成产品的持续稳定性考察计划，提供稳定性考察的数据；

14. 确保完成产品质量回顾分析；

15. 确保质量控制和质量保证人员都已经过必要的上岗前培训和继续培训，并根据实际需要调整培训内容。

第二十四条 生产管理负责人和质量管理负责人通常有下列共同的职责：

（一）审核和批准产品的工艺规程、操作规程等文件；

（二）监督厂区卫生状况；

（三）确保关键设备经过确认；

（四）确保完成生产工艺验证；

（五）确保企业所有相关人员都已经过必要的上岗前培训和继续培训，并根据实际需要调整培训内容；

（六）批准并监督委托生产；

（七）确定和监控物料和产品的贮存条件；

（八）保存记录；

（九）监督本规范执行状况；

（十）监控影响产品质量的因素。

第二十五条 质量受权人

（一）资质：

质量受权人应当至少具有药学或相关专业本科学历（或中级专业技术职称或执业药师资格），具有至少五年从事药品生产和质量管理的实践经验，从事过药品生产过程控制和质量检验工作。

质量受权人应当具有必要的专业理论知识，并经过与产品放行有关的培训，方能独立履行其职责。

（二）主要职责：

1. 参与企业质量体系建立、内部自检、外部质量审计、验证以及药品不良反应报告、产品召回等质量管理活动；

2. 承担产品放行的职责，确保每批已放行产品的生产、检验均符合相关法规、药品注册要求和质量标准；

3. 在产品放行前，质量受权人必须按照上述第 2 项的要求出具产品放行审核记录，并纳入批记录。

第三节 培 训

第二十六条 企业应当指定部门或专人负责培训管理工作，应当有经生产管理负责人或质量管理负责人审核或批准的培训方案或计划，培训记录应当予以保存。

第二十七条 与药品生产、质量有关的所有人员都应当经过培训，培训的内容应当与岗位的要求相适应。除进行本规范理论和实践的培训外，还应当有相关法规、相应岗位的职责、技能的培训，并定期评估培训的实际效果。

第二十八条 高风险操作区（如：高活性、高毒性、传染性、高致敏性物料的生产区）的工作人员应当接受专门的培训。

第四节 人员卫生

第二十九条 所有人员都应当接受卫生要求的培训，企业应当建立人员卫生操作规程，最大限度地降低人员对药品生产造成污染的风险。

第三十条　人员卫生操作规程应当包括与健康、卫生习惯及人员着装相关的内容。生产区和质量控制区的人员应当正确理解相关的人员卫生操作规程。企业应当采取措施确保人员卫生操作规程的执行。

第三十一条　企业应当对人员健康进行管理，并建立健康档案。直接接触药品的生产人员上岗前应当接受健康检查，以后每年至少进行一次健康检查。

第三十二条　企业应当采取适当措施，避免体表有伤口、患有传染病或其他可能污染药品疾病的人员从事直接接触药品的生产。

第三十三条　参观人员和未经培训的人员不得进入生产区和质量控制区，特殊情况确需进入的，应当事先对个人卫生、更衣等事项进行指导。

第三十四条　任何进入生产区的人员均应当按照规定更衣。工作服的选材、式样及穿戴方式应当与所从事的工作和空气洁净度级别要求相适应。

第三十五条　进入洁净生产区的人员不得化妆和佩戴饰物。

第三十六条　生产区、仓储区应当禁止吸烟和饮食，禁止存放食品、饮料、香烟和个人用药品等非生产用物品。

第三十七条　操作人员应当避免裸手直接接触药品、与药品直接接触的包装材料和设备表面。

第四章　厂房与设施

第一节　原　则

第三十八条　厂房的选址、设计、布局、建造、改造和维护必须符合药品生产要求，应当能够最大限度地避免污染、交叉污染、混淆和差错，便于清洁、操作和维护。

第三十九条　应当根据厂房及生产防护措施综合考虑选址，厂房所处的环境应当能够最大限度地降低物料或产品遭受污染的风险。

第四十条　企业应当有整洁的生产环境；厂区的地面、路面及运输等不应当对药品的生产造成污染；生产、行政、生活和辅助区的总体布局应当合理，不得互相妨碍；厂区和厂房内的人、物流走向应当合理。

第四十一条　应当对厂房进行适当维护，并确保维修活动不影响药品的质量。应当按照详细的书面操作规程对厂房进行清洁或必要的消毒。

第四十二条　厂房应当有适当的照明、温度、湿度和通风，确保生产和贮存的产品质量以及相关设备性能不会直接或间接地受到影响。

第四十三条　厂房、设施的设计和安装应当能够有效防止昆虫或其他动物进入。应当采取必要的措施，避免所使用的灭鼠药、杀虫剂、烟熏剂等对设备、物料、产品造成污染。

第四十四条　应当采取适当措施，防止未经批准人员的进入。生产、贮存和质量控制区不应当作为非本区工作人员的直接通道。

第四十五条　应当保存厂房、公用设施、固定管道建造或改造后的竣工图纸。

第二节　生产区

第四十六条　为降低污染和交叉污染的风险，厂房、生产设施和设备应当根据所生产药品的特性、工艺流程及相应洁净度级别要求合理设计、布局和使用，并符合下列要求：

（一）应当综合考虑药品的特性、工艺和预定用途等因素，确定厂房、生产设施和设备多产品共用的可行性，并有相应评估报告；

（二）生产特殊性质的药品，如高致敏性药品（如青霉素类）或生物制品（如卡介苗或其他用活性微生物制备而成的药品），必须采用专用和独立的厂房、生产设施和设备。青霉素类药品产尘量大的操作区域应当保持相对负压，排至室外的废气应当经过净化处理并符合要求，排风口应当远离其他空气净化系统的进风口；

（三）生产 β－内酰胺结构类药品、性激素类避孕药品必须使用专用设施

（如独立的空气净化系统）和设备，并与其他药品生产区严格分开；

（四）生产某些激素类、细胞毒性类、高活性化学药品应当使用专用设施（如独立的空气净化系统）和设备；特殊情况下，如采取特别防护措施并经过必要的验证，上述药品制剂则可通过阶段性生产方式共用同一生产设施和设备；

（五）用于上述第（二）（三）（四）项的空气净化系统，其排风应当经过净化处理；

（六）药品生产厂房不得用于生产对药品质量有不利影响的非药用产品。

第四十七条 生产区和贮存区应当有足够的空间，确保有序地存放设备、物料、中间产品、待包装产品和成品，避免不同产品或物料的混淆、交叉污染，避免生产或质量控制操作发生遗漏或差错。

第四十八条 应当根据药品品种、生产操作要求及外部环境状况等配置空调净化系统，使生产区有效通风，并有温度、湿度控制和空气净化过滤，保证药品的生产环境符合要求。

洁净区与非洁净区之间、不同级别洁净区之间的压差应当不低于10帕斯卡。必要时，相同洁净度级别的不同功能区域（操作间）之间也应当保持适当的压差梯度。

口服液体和固体制剂、腔道用药（含直肠用药）、表皮外用药品等非无菌制剂生产的暴露工序区域及其直接接触药品的包装材料最终处理的暴露工序区域，应当参照“无菌药品”附录中D级洁净区的要求设置，企业可根据产品的标准和特性对该区域采取适当的微生物监控措施。

第四十九条 洁净区的内表面（墙壁、地面、天棚）应当平整光滑、无裂缝、接口严密、无颗粒物脱落，避免积尘，便于有效清洁，必要时应当进行消毒。

第五十条 各种管道、照明设施、风口和其他公用设施的设计和安装应当避免出现不易清洁的部位，应当尽可能在生产区外部对其进行维护。

第五十一条 排水设施应当大小适宜，并安装防止倒灌的装置。应当尽可能避免明沟排水；不可避免时，明沟宜浅，以方便清洁和消毒。

第五十二条 制剂的原辅料称量通常应当在专门设计的称量室内进行。

第五十三条 产尘操作间（如干燥物料或产品的取样、称量、混合、包装等操作间）应当保持相对负压或采取专门的措施，防止粉尘扩散、避免交叉污染并便于清洁。

第五十四条 用于药品包装的厂房或区域应当合理设计和布局，以避免混淆或交叉污染。如同一区域内有数条包装线，应当有隔离措施。

第五十五条 生产区应当有适度的照明，目视操作区域的照明应当满足操作要求。

第五十六条 生产区内可设中间控制区域，但中间控制操作不得给药品带来质量风险。

第三节 仓储区

第五十七条 仓储区应当有足够的空间，确保有序存放待验、合格、不合格、退货或召回的原辅料、包装材料、中间产品、待包装产品和成品等各类物料和产品。

第五十八条 仓储区的设计和建造应当确保良好的仓储条件，并有通风和照明设施。仓储区应当能够满足物料或产品的贮存条件（如温湿度、避光）和安全贮存的要求，并进行检查和监控。

第五十九条 高活性的物料或产品以及印刷包装材料应当贮存于安全的区域。

第六十条 接收、发放和发运区域应当能够保护物料、产品免受外界天气（如雨、雪）的影响。接收区的布局和设施应当能够确保到货物料在进入仓储区前可对外包装进行必要的清洁。

第六十一条 如采用单独的隔离区域贮存待验物料，待验区应当有醒目的标识，且只限于经批准的人员出入。

不合格、退货或召回的物料或产品应当隔离存放。

如果采用其他方法替代物理隔离，则该方法应当具有同等的安全性。

第六十二条 通常应当有单独的物料取样区。取样区的空气洁净度级别应当与生产要求一致。如在其他区域或采用其他方式取样，应当能够防止污染或交叉污染。

第四节 质量控制区

第六十三条 质量控制实验室通常应当与生产区分开。生物检定、微生物和放射性同位素的实验室还应当彼此分开。

第六十四条 实验室的设计应当确保其适用于预定的用途，并能够避免混淆和交叉污染，应当有足够的区域用于样品处置、留样和稳定性考察样品的存放以及记录的保存。

第六十五条 必要时，应当设置专门的仪器室，使灵敏度高的仪器免受静电、震动、潮湿或其他外界因素的干扰。

第六十六条 处理生物样品或放射性样品等特殊物品的实验室应当符合国家的有关要求。

第六十七条 实验动物房应当与其他区域严格分开，其设计、建造应当符合国家有关规定，并设有独立的空气处理设施以及动物的专用通道。

第五节 辅助区

第六十八条 休息室的设置不应当对生产区、仓储区和质量控制区造成不良影响。

第六十九条 更衣室和盥洗室应当方便人员进出，并与使用人数相适应。盥洗室不得与生产区和仓储区直接相通。

第七十条 维修间应当尽可能远离生产区。存放在洁净区内的维修用备件和工具，应当放置在专门的房间或工具柜中。

第五章　设 备

第一节　原　　则

第七十一条　设备的设计、选型、安装、改造和维护必须符合预定用途，应当尽可能降低产生污染、交叉污染、混淆和差错的风险，便于操作、清洁、维护，以及必要时进行的消毒或灭菌。

第七十二条　应当建立设备使用、清洁、维护和维修的操作规程，并保存相应的操作记录。

第七十三条　应当建立并保存设备采购、安装、确认的文件和记录。

第二节　设计和安装

第七十四条　生产设备不得对药品质量产生任何不利影响。与药品直接接触的生产设备表面应当平整、光洁、易清洗或消毒、耐腐蚀，不得与药品发生化学反应、吸附药品或向药品中释放物质。

第七十五条　应当配备有适当量程和精度的衡器、量具、仪器和仪表。

第七十六条　应当选择适当的清洗、清洁设备，并防止这类设备成为污染源。

第七十七条　设备所用的润滑剂、冷却剂等不得对药品或容器造成污染，应当尽可能使用食用级或级别相当的润滑剂。

第七十八条　生产用模具的采购、验收、保管、维护、发放及报废应当制定相应操作规程，设专人专柜保管，并有相应记录。

第三节　维护和维修

第七十九条　设备的维护和维修不得影响产品质量。

第八十条　应当制定设备的预防性维护计划和操作规程，设备的维护和维修应当有相应的记录。

第八十一条　经改造或重大维修的设备应当进行再确认，符合要求后方可用于生产。

第四节　使用和清洁

第八十二条　主要生产和检验设备都应当有明确的操作规程。

第八十三条　生产设备应当在确认的参数范围内使用。

第八十四条　应当按照详细规定的操作规程清洁生产设备。

生产设备清洁的操作规程应当规定具体而完整的清洁方法、清洁用设备或工具、清洁剂的名称和配制方法、去除前一批次标识的方法、保护已清洁设备在使用前免受污染的方法、已清洁设备最长的保存时限、使用前检查设备清洁状况的方法，使操作者能以可重现的、有效的方式对各类设备进行清洁。

如需拆装设备，还应当规定设备拆装的顺序和方法；如需对设备消毒或灭菌，还应当规定消毒或灭菌的具体方法、消毒剂的名称和配制方法。必要时，还应当规定设备生产结束至清洁前所允许的最长间隔时限。

第八十五条　已清洁的生产设备应当在清洁、干燥的条件下存放。

第八十六条　用于药品生产或检验的设备和仪器，应当有使用日志，记录内容包括使用、清洁、维护和维修情况以及日期、时间、所生产及检验的药品名称、规格和批号等。

第八十七条　生产设备应当有明显的状态标识，标明设备编号和内容物（如名称、规格、批号）；没有内容物的应当标明清洁状态。

第八十八条　不合格的设备如有可能应当搬出生产和质量控制区，未搬出前，应当有醒目的状态标识。

第八十九条　主要固定管道应当标明内容物名称和流向。

第五节　校　准

第九十条　应当按照操作规程和校准计划定期对生产和检验用衡器、量具、仪表、记录和控制设备以及仪器进行校准和检查，并保存相关记录。校准的量程范围应当涵盖实际生产和检验的使用范围。

第九十一条　应当确保生产和检验使用的关键衡器、量具、仪表、记录和控制设备以及仪器经过校准，所得出的数据准确、可靠。

第九十二条　应当使用计量标准器具进行校准，且所用计量标准器具应当符合国家有关规定。校准记录应当标明所用计量标准器具的名称、编号、校准有效期和计量合格证明编号，确保记录的可追溯性。

第九十三条　衡器、量具、仪表、用于记录和控制的设备以及仪器应当有明显的标识，标明其校准有效期。

第九十四条　不得使用未经校准、超过校准有效期、失准的衡器、量具、仪表以及用于记录和控制的设备、仪器。

第九十五条　在生产、包装、仓储过程中使用自动或电子设备的，应当按照操作规程定期进行校准和检查，确保其操作功能正常。校准和检查应当有相应的记录。

第六节　制药用水

第九十六条　制药用水应当适合其用途，并符合《中华人民共和国药典》的质量标准及相关要求。制药用水至少应当采用饮用水。

第九十七条　水处理设备及其输送系统的设计、安装、运行和维护应当确保制药用水达到设定的质量标准。水处理设备的运行不得超出其设计能力。

第九十八条　纯化水、注射用水储罐和输送管道所用材料应当无毒、耐腐蚀；储罐的通气口应当安装不脱落纤维的疏水性除菌滤器；管道的设计和安装应当避免死角、盲管。

第九十九条 纯化水、注射用水的制备、贮存和分配应当能够防止微生物的滋生。纯化水可采用循环，注射用水可采用70℃以上保温循环。

第一百条 应当对制药用水及原水的水质进行定期监测，并有相应的记录。

第一百零一条 应当按照操作规程对纯化水、注射用水管道进行清洗消毒，并有相关记录。发现制药用水微生物污染达到警戒限度、纠偏限度时应当按照操作规程处理。

第六章 物料与产品

第一节 原 则

第一百零二条 药品生产所用的原辅料、与药品直接接触的包装材料应当符合相应的质量标准。药品上直接印字所用油墨应当符合食用标准要求。进口原辅料应当符合国家相关的进口管理规定。

第一百零三条 应当建立物料和产品的操作规程，确保物料和产品的正确接收、贮存、发放、使用和发运，防止污染、交叉污染、混淆和差错。物料和产品的处理应当按照操作规程或工艺规程执行，并有记录。

第一百零四条 物料供应商的确定及变更应当进行质量评估，并经质量管理部门批准后方可采购。

第一百零五条 物料和产品的运输应当能够满足其保证质量的要求，对运输有特殊要求的，其运输条件应当予以确认。

第一百零六条 原辅料、与药品直接接触的包装材料和印刷包装材料的接收应当有操作规程，所有到货物料均应当检查，以确保与订单一致，并确认供应商已经质量管理部门批准。

物料的外包装应当有标签，并注明规定的信息。必要时，还应当进行清洁，发现外包装损坏或其他可能影响物料质量的问题，应当向质量管理部门报告并进行调查和记录。

每次接收均应当有记录，内容包括：

（一）交货单和包装容器上所注物料的名称；

（二）企业内部所用物料名称和（或）代码；

（三）接收日期；

（四）供应商和生产商（如不同）的名称；

（五）供应商和生产商（如不同）标识的批号；

（六）接收总量和包装容器数量；

（七）接收后企业指定的批号或流水号；

（八）有关说明（如包装状况）。

第一百零七条 物料接收和成品生产后应当及时按照待验管理，直至放行。

第一百零八条 物料和产品应当根据其性质有序分批贮存和周转，发放及发运应当符合先进先出和近效期先出的原则。

第一百零九条 使用计算机化仓储管理的，应当有相应的操作规程，防止因系统故障、停机等特殊情况而造成物料和产品的混淆和差错。

使用完全计算机化仓储管理系统进行识别的，物料、产品等相关信息可不必以书面可读的方式标出。

第二节 原辅料

第一百一十条 应当制定相应的操作规程，采取核对或检验等适当措施，确认每一包装内的原辅料正确无误。

第一百一十一条 一次接收数个批次的物料，应当按批取样、检验、放行。

第一百一十二条 仓储区内的原辅料应当有适当的标识，并至少标明下述内容：

（一）指定的物料名称和企业内部的物料代码；

（二）企业接收时设定的批号；

（三）物料质量状态（如待验、合格、不合格、已取样）；

（四）有效期或复验期。

第一百一十三条 只有经质量管理部门批准放行并在有效期或复验期内的原辅料方可使用。

第一百一十四条 原辅料应当按照有效期或复验期贮存。贮存期内，如发现对质量有不良影响的特殊情况，应当进行复验。

第一百一十五条 应当由指定人员按照操作规程进行配料，核对物料后，精确称量或计量，并做好标识。

第一百一十六条 配制的每一物料及其重量或体积应当由他人独立进行复核，并有复核记录。

第一百一十七条 用于同一批药品生产的所有配料应当集中存放，并做好标识。

第三节　中间产品和待包装产品

第一百一十八条 中间产品和待包装产品应当在适当的条件下贮存。

第一百一十九条 中间产品和待包装产品应当有明确的标识，并至少标明下述内容：

（一）产品名称和企业内部的产品代码；

（二）产品批号；

（三）数量或重量（如毛重、净重等）；

（四）生产工序（必要时）；

（五）产品质量状态（必要时，如待验、合格、不合格、已取样）。

第四节　包装材料

第一百二十条 与药品直接接触的包装材料和印刷包装材料的管理和控制要求与原辅料相同。

第一百二十一条 包装材料应当由专人按照操作规程发放，并采取措施避免混淆和差错，确保用于药品生产的包装材料正确无误。

第一百二十二条 应当建立印刷包装材料设计、审核、批准的操作规程，确保印刷包装材料印制的内容与药品监督管理部门核准的一致，并建立专门的文档，保存经签名批准的印刷包装材料原版实样。

第一百二十三条 印刷包装材料的版本变更时，应当采取措施，确保产品所用印刷包装材料的版本正确无误。宜收回作废的旧版印刷模板并予以销毁。

第一百二十四条 印刷包装材料应当设置专门区域妥善存放，未经批准人员不得进入。切割式标签或其他散装印刷包装材料应当分别置于密闭容器内储运，以防混淆。

第一百二十五条 印刷包装材料应当由专人保管，并按照操作规程和需求量发放。

第一百二十六条 每批或每次发放的与药品直接接触的包装材料或印刷包装材料，均应当有识别标志，标明所用产品的名称和批号。

第一百二十七条 过期或废弃的印刷包装材料应当予以销毁并记录。

第五节 成 品

第一百二十八条 成品放行前应当待验贮存。

第一百二十九条 成品的贮存条件应当符合药品注册批准的要求。

第六节 特殊管理的物料和产品

第一百三十条 麻醉药品、精神药品、医疗用毒性药品（包括药材）、放射性药品、药品类易制毒化学品及易燃、易爆和其他危险品的验收、贮存、管理应当执行国家有关的规定。

第七节 其 他

第一百三十一条 不合格的物料、中间产品、待包装产品和成品的每个包装容器上均应当有清晰醒目的标志，并在隔离区内妥善保存。

第一百三十二条 不合格的物料、中间产品、待包装产品和成品的处理应当经质量管理负责人批准，并有记录。

第一百三十三条 产品回收需经预先批准，并对相关的质量风险进行充分评估，根据评估结论决定是否回收。回收应当按照预定的操作规程进行，并有相应记录。回收处理后的产品应当按照回收处理中最早批次产品的生产日期确定有效期。

第一百三十四条 制剂产品不得进行重新加工。不合格的制剂中间产品、待包装产品和成品一般不得进行返工。只有不影响产品质量、符合相应质量标准，且根据预定、经批准的操作规程以及对相关风险充分评估后，才允许返工处理。返工应当有相应记录。

第一百三十五条 对返工或重新加工或回收合并后生产的成品，质量管理部门应当考虑需要进行额外相关项目的检验和稳定性考察。

第一百三十六条 企业应当建立药品退货的操作规程，并有相应的记录，内容至少应当包括：产品名称、批号、规格、数量、退货单位及地址、退货原因及日期、最终处理意见。

同一产品同一批号不同渠道的退货应当分别记录、存放和处理。

第一百三十七条 只有经检查、检验和调查，有证据证明退货质量未受影响，且经质量管理部门根据操作规程评价后，方可考虑将退货重新包装、重新发运销售。评价考虑的因素至少应当包括药品的性质、所需的贮存条件、药品的现状、历史，以及发运与退货之间的间隔时间等因素。不符合贮存和运输要求的退货，应当在质量管理部门监督下予以销毁。对退货质量存有怀疑时，不得重新发运。

对退货进行回收处理的，回收后的产品应当符合预定的质量标准和第一百三十三条的要求。

退货处理的过程和结果应当有相应记录。

第七章　确认与验证

第一百三十八条　企业应当确定需要进行的确认或验证工作，以证明有关操作的关键要素能够得到有效控制。确认或验证的范围和程度应当经过风险评估来确定。

第一百三十九条　企业的厂房、设施、设备和检验仪器应当经过确认，应当采用经过验证的生产工艺、操作规程和检验方法进行生产、操作和检验，并保持持续的验证状态。

第一百四十条　应当建立确认与验证的文件和记录，并能以文件和记录证明达到以下预定的目标：

（一）设计确认应当证明厂房、设施、设备的设计符合预定用途和本规范要求；

（二）安装确认应当证明厂房、设施、设备的建造和安装符合设计标准；

（三）运行确认应当证明厂房、设施、设备的运行符合设计标准；

（四）性能确认应当证明厂房、设施、设备在正常操作方法和工艺条件下能够持续符合标准；

（五）工艺验证应当证明一个生产工艺按照规定的工艺参数能够持续生产出符合预定用途和注册要求的产品。

第一百四十一条　采用新的生产处方或生产工艺前，应当验证其常规生产的适用性。生产工艺在使用规定的原辅料和设备条件下，应当能够始终生产出符合预定用途和注册要求的产品。

第一百四十二条　当影响产品质量的主要因素，如原辅料、与药品直接接触的包装材料、生产设备、生产环境（或厂房）、生产工艺、检验方法等发生变更时，应当进行确认或验证。必要时，还应当经药品监督管理部门批准。

第一百四十三条　清洁方法应当经过验证，证实其清洁的效果，以有效防止污染和交叉污染。清洁验证应当综合考虑设备使用情况、所使用的清洁剂和消毒剂、取样方法和位置以及相应的取样回收率、残留物的性质和限度、残留物检验方法的灵敏度等因素。

第一百四十四条 确认和验证不是一次性的行为。首次确认或验证后，应当根据产品质量回顾分析情况进行再确认或再验证。关键的生产工艺和操作规程应当定期进行再验证，确保其能够达到预期结果。

第一百四十五条 企业应当制定验证总计划，以文件形式说明确认与验证工作的关键信息。

第一百四十六条 验证总计划或其他相关文件中应当作出规定，确保厂房、设施、设备、检验仪器、生产工艺、操作规程和检验方法等能够保持持续稳定。

第一百四十七条 应当根据确认或验证的对象制定确认或验证方案，并经审核、批准。确认或验证方案应当明确职责。

第一百四十八条 确认或验证应当按照预先确定和批准的方案实施，并有记录。确认或验证工作完成后，应当写出报告，并经审核、批准。确认或验证的结果和结论（包括评价和建议）应当有记录并存档。

第一百四十九条 应当根据验证的结果确认工艺规程和操作规程。

第八章　文件管理

第一节　原　则

第一百五十条 文件是质量保证系统的基本要素。企业必须有内容正确的书面质量标准、生产处方和工艺规程、操作规程以及记录等文件。

第一百五十一条 企业应当建立文件管理的操作规程，系统地设计、制定、审核、批准和发放文件。与本规范有关的文件应当经质量管理部门的审核。

第一百五十二条 文件的内容应当与药品生产许可、药品注册等相关要求一致，并有助于追溯每批产品的历史情况。

第一百五十三条 文件的起草、修订、审核、批准、替换或撤销、复制、保管和销毁等应当按照操作规程管理，并有相应的文件分发、撤销、复制、销毁记录。

第一百五十四条 文件的起草、修订、审核、批准均应当由适当的人员签名并注明日期。

第一百五十五条 文件应当标明题目、种类、目的以及文件编号和版本号。文字应当确切、清晰、易懂，不能模棱两可。

第一百五十六条 文件应当分类存放、条理分明，便于查阅。

第一百五十七条 原版文件复制时，不得产生任何差错；复制的文件应当清晰可辨。

第一百五十八条 文件应当定期审核、修订；文件修订后，应当按照规定管理，防止旧版文件的误用。分发、使用的文件应当为批准的现行文本，已撤销的或旧版文件除留档备查外，不得在工作现场出现。

第一百五十九条 与本规范有关的每项活动均应当有记录，以保证产品生产、质量控制和质量保证等活动可以追溯。记录应当留有填写数据的足够空格。记录应当及时填写，内容真实，字迹清晰、易读，不易擦除。

第一百六十条 应当尽可能采用生产和检验设备自动打印的记录、图谱和曲线图等，并标明产品或样品的名称、批号和记录设备的信息，操作人应当签注姓名和日期。

第一百六十一条 记录应当保持清洁，不得撕毁和任意涂改。记录填写的任何更改都应当签注姓名和日期，并使原有信息仍清晰可辨，必要时，应当说明更改的理由。记录如需重新誊写，则原有记录不得销毁，应当作为重新誊写记录的附件保存。

第一百六十二条 每批药品应当有批记录，包括批生产记录、批包装记录、批检验记录和药品放行审核记录等与本批产品有关的记录。批记录应当由质量管理部门负责管理，至少保存至药品有效期后一年。

质量标准、工艺规程、操作规程、稳定性考察、确认、验证、变更等其他重要文件应当长期保存。

第一百六十三条 如使用电子数据处理系统、照相技术或其他可靠方式记录数据资料，应当有所用系统的操作规程；记录的准确性应当经过核对。

使用电子数据处理系统的，只有经授权的人员方可输入或更改数据，更改和删除情况应当有记录；应当使用密码或其他方式来控制系统的登录；关键数据输入后，应当由他人独立进行复核。

用电子方法保存的批记录，应当采用磁带、缩微胶卷、纸质副本或其他方法进行备份，以确保记录的安全，且数据资料在保存期内便于查阅。

第二节　质量标准

第一百六十四条　物料和成品应当有经批准的现行质量标准；必要时，中间产品或待包装产品也应当有质量标准。

第一百六十五条　物料的质量标准一般应当包括：

（一）物料的基本信息：

1. 企业统一指定的物料名称和内部使用的物料代码；

2. 质量标准的依据；

3. 经批准的供应商；

4. 印刷包装材料的实样或样稿。

（二）取样、检验方法或相关操作规程编号；

（三）定性和定量的限度要求；

（四）贮存条件和注意事项；

（五）有效期或复验期。

第一百六十六条　外购或外销的中间产品和待包装产品应当有质量标准；如果中间产品的检验结果用于成品的质量评价，则应当制定与成品质量标准相对应的中间产品质量标准。

第一百六十七条　成品的质量标准应当包括：

（一）产品名称以及产品代码；

（二）对应的产品处方编号（如有）；

（三）产品规格和包装形式；

（四）取样、检验方法或相关操作规程编号；

（五）定性和定量的限度要求；

（六）贮存条件和注意事项；

（七）有效期。

第三节　工艺规程

第一百六十八条　每种药品的每个生产批量均应当有经企业批准的工艺规程，不同药品规格的每种包装形式均应当有各自的包装操作要求。工艺规程的制定应当以注册批准的工艺为依据。

第一百六十九条　工艺规程不得任意更改。如需更改，应当按照相关的操作规程修订、审核、批准。

第一百七十条　制剂的工艺规程的内容至少应当包括：

（一）生产处方：

1. 产品名称和产品代码；

2. 产品剂型、规格和批量；

3. 所用原辅料清单（包括生产过程中使用，但不在成品中出现的物料），阐明每一物料的指定名称、代码和用量；如原辅料的用量需要折算时，还应当说明计算方法。

（二）生产操作要求：

1. 对生产场所和所用设备的说明（如操作间的位置和编号、洁净度级别、必要的温湿度要求、设备型号和编号等）；

2. 关键设备的准备（如清洗、组装、校准、灭菌等）所采用的方法或相应操作规程编号；

3. 详细的生产步骤和工艺参数说明（如物料的核对、预处理、加入物料的顺序、混合时间、温度等）；

4. 所有中间控制方法及标准；

5. 预期的最终产量限度，必要时，还应当说明中间产品的产量限度，以及物料平衡的计算方法和限度；

6. 待包装产品的贮存要求，包括容器、标签及特殊贮存条件；

7. 需要说明的注意事项。

（三）包装操作要求：

1. 以最终包装容器中产品的数量、重量或体积表示的包装形式；

2. 所需全部包装材料的完整清单，包括包装材料的名称、数量、规格、类型以及与质量标准有关的每一包装材料的代码；

3. 印刷包装材料的实样或复制品，并标明产品批号、有效期打印位置；

4. 需要说明的注意事项，包括对生产区和设备进行的检查，在包装操作开始前，确认包装生产线的清场已经完成等；

5. 包装操作步骤的说明，包括重要的辅助性操作和所用设备的注意事项、包装材料使用前的核对；

6. 中间控制的详细操作，包括取样方法及标准；

7. 待包装产品、印刷包装材料的物料平衡计算方法和限度。

第四节　批生产记录

第一百七十一条　每批产品均应当有相应的批生产记录，可追溯该批产品的生产历史以及与质量有关的情况。

第一百七十二条　批生产记录应当依据现行批准的工艺规程的相关内容制定。记录的设计应当避免填写差错。批生产记录的每一页应当标注产品的名称、规格和批号。

第一百七十三条　原版空白的批生产记录应当经生产管理负责人和质量管理负责人审核和批准。批生产记录的复制和发放均应当按照操作规程进行控制并有记录，每批产品的生产只能发放一份原版空白批生产记录的复制件。

第一百七十四条　在生产过程中，进行每项操作时应当及时记录，操作结束后，应当由生产操作人员确认并签注姓名和日期。

第一百七十五条　批生产记录的内容应当包括：

（一）产品名称、规格、批号；

（二）生产以及中间工序开始、结束的日期和时间；

（三）每一生产工序的负责人签名；

（四）生产步骤操作人员的签名；必要时，还应当有操作（如称量）复核人员的签名；

（五）每一原辅料的批号以及实际称量的数量（包括投入的回收或返工处理产品的批号及数量）；

（六）相关生产操作或活动、工艺参数及控制范围，以及所用主要生产设备的编号；

（七）中间控制结果的记录以及操作人员的签名；

（八）不同生产工序所得产量及必要时的物料平衡计算；

（九）对特殊问题或异常事件的记录，包括对偏离工艺规程的偏差情况的详细说明或调查报告，并经签字批准。

第五节　批包装记录

第一百七十六条　每批产品或每批中部分产品的包装，都应当有批包装记录，以便追溯该批产品包装操作以及与质量有关的情况。

第一百七十七条　批包装记录应当依据工艺规程中与包装相关的内容制定。记录的设计应当注意避免填写差错。批包装记录的每一页均应当标注所包装产品的名称、规格、包装形式和批号。

第一百七十八条　批包装记录应当有待包装产品的批号、数量以及成品的批号和计划数量。原版空白的批包装记录的审核、批准、复制和发放的要求与原版空白的批生产记录相同。

第一百七十九条　在包装过程中，进行每项操作时应当及时记录，操作结束后，应当由包装操作人员确认并签注姓名和日期。

第一百八十条　批包装记录的内容包括：

（一）产品名称、规格、包装形式、批号、生产日期和有效期；

（二）包装操作日期和时间；

（三）包装操作负责人签名；

（四）包装工序的操作人员签名；

（五）每一包装材料的名称、批号和实际使用的数量；

（六）根据工艺规程所进行的检查记录，包括中间控制结果；

（七）包装操作的详细情况，包括所用设备及包装生产线的编号；

（八）所用印刷包装材料的实样，并印有批号、有效期及其他打印内容；不易随批包装记录归档的印刷包装材料可采用印有上述内容的复制品；

（九）对特殊问题或异常事件的记录，包括对偏离工艺规程的偏差情况的详细说明或调查报告，并经签字批准；

（十）所有印刷包装材料和待包装产品的名称、代码，以及发放、使用、销毁或退库的数量、实际产量以及物料平衡检查。

第六节　操作规程和记录

第一百八十一条　操作规程的内容应当包括：题目、编号、版本号、颁发部门、生效日期、分发部门以及制定人、审核人、批准人的签名并注明日期，标题、正文及变更历史。

第一百八十二条　厂房、设备、物料、文件和记录应当有编号（或代码），并制定编制编号（或代码）的操作规程，确保编号（或代码）的唯一性。

第一百八十三条　下述活动也应当有相应的操作规程，其过程和结果应当有记录：

（一）确认和验证；

（二）设备的装配和校准；

（三）厂房和设备的维护、清洁和消毒；

（四）培训、更衣及卫生等与人员相关的事宜；

（五）环境监测；

（六）虫害控制；

（七）变更控制；

（八）偏差处理；

（九）投诉；

（十）药品召回；

（十一）退货。

第九章　生产管理

第一节　原　则

第一百八十四条　所有药品的生产和包装均应当按照批准的工艺规程和操作规程进行操作并有相关记录，以确保药品达到规定的质量标准，并符合药品生产许可和注册批准的要求。

第一百八十五条　应当建立划分产品生产批次的操作规程，生产批次的划分应当能够确保同一批次产品质量和特性的均一性。

第一百八十六条　应当建立编制药品批号和确定生产日期的操作规程。每批药品均应当编制唯一的批号。除另有法定要求外，生产日期不得迟于产品成型或灌装（封）前经最后混合的操作开始日期，不得以产品包装日期作为生产日期。

第一百八十七条　每批产品应当检查产量和物料平衡，确保物料平衡符合设定的限度。如有差异，必须查明原因，确认无潜在质量风险后，方可按照正常产品处理。

第一百八十八条　不得在同一生产操作间同时进行不同品种和规格药品的生产操作，除非没有发生混淆或交叉污染的可能。

第一百八十九条　在生产的每一阶段，应当保护产品和物料免受微生物和其他污染。

第一百九十条　在干燥物料或产品，尤其是高活性、高毒性或高致敏性物料或产品的生产过程中，应当采取特殊措施，防止粉尘的产生和扩散。

第一百九十一条　生产期间使用的所有物料、中间产品或待包装产品的容器及主要设备、必要的操作室应当贴签标识或以其他方式标明生产中的产品或物料名称、规格和批号，如有必要，还应当标明生产工序。

第一百九十二条 容器、设备或设施所用标识应当清晰明了，标识的格式应当经企业相关部门批准。除在标识上使用文字说明外，还可采用不同的颜色区分被标识物的状态（如待验、合格、不合格或已清洁等）。

第一百九十三条 应当检查产品从一个区域输送至另一个区域的管道和其他设备连接，确保连接正确无误。

第一百九十四条 每次生产结束后应当进行清场，确保设备和工作场所没有遗留与本次生产有关的物料、产品和文件。下次生产开始前，应当对前次清场情况进行确认。

第一百九十五条 应当尽可能避免出现任何偏离工艺规程或操作规程的偏差。一旦出现偏差，应当按照偏差处理操作规程执行。

第一百九十六条 生产厂房应当仅限于经批准的人员出入。

第二节 防止生产过程中的污染和交叉污染

第一百九十七条 生产过程中应当尽可能采取措施，防止污染和交叉污染，如：

（一）在分隔的区域内生产不同品种的药品；

（二）采用阶段性生产方式；

（三）设置必要的气锁间和排风；空气洁净度级别不同的区域应当有压差控制；

（四）应当降低未经处理或未经充分处理的空气再次进入生产区导致污染的风险；

（五）在易产生交叉污染的生产区内，操作人员应当穿戴该区域专用的防护服；

（六）采用经过验证或已知有效的清洁和去污染操作规程进行设备清洁；必要时，应当对与物料直接接触的设备表面的残留物进行检测；

（七）采用密闭系统生产；

（八）干燥设备的进风应当有空气过滤器，排风应当有防止空气倒流装置；

（九）生产和清洁过程中应当避免使用易碎、易脱屑、易发霉器具；使用筛网时，应当有防止因筛网断裂而造成污染的措施；

（十）液体制剂的配制、过滤、灌封、灭菌等工序应当在规定时间内完成；

（十一）软膏剂、乳膏剂、凝胶剂等半固体制剂以及栓剂的中间产品应当规定贮存期和贮存条件。

第一百九十八条 应当定期检查防止污染和交叉污染的措施并评估其适用性和有效性。

第三节 生产操作

第一百九十九条 生产开始前应当进行检查，确保设备和工作场所没有上批遗留的产品、文件或与本批产品生产无关的物料，设备处于已清洁及待用状态。检查结果应当有记录。

生产操作前，还应当核对物料或中间产品的名称、代码、批号和标识，确保生产所用物料或中间产品正确且符合要求。

第二百条 应当进行中间控制和必要的环境监测，并予以记录。

第二百零一条 每批药品的每一生产阶段完成后必须由生产操作人员清场，并填写清场记录。清场记录内容包括：操作间编号、产品名称、批号、生产工序、清场日期、检查项目及结果、清场负责人及复核人签名。清场记录应当纳入批生产记录。

第四节 包装操作

第二百零二条 包装操作规程应当规定降低污染和交叉污染、混淆或差错风险的措施。

第二百零三条 包装开始前应当进行检查，确保工作场所、包装生产线、印刷机及其他设备已处于清洁或待用状态，无上批遗留的产品、文件或与本批产品包装无关的物料。检查结果应当有记录。

第二百零四条 包装操作前，还应当检查所领用的包装材料正确无误，核对待包装产品和所用包装材料的名称、规格、数量、质量状态，且与工艺规程相符。

第二百零五条 每一包装操作场所或包装生产线，应当有标识标明包装中的产品名称、规格、批号和批量的生产状态。

第二百零六条 有数条包装线同时进行包装时，应当采取隔离或其他有效防止污染、交叉污染或混淆的措施。

第二百零七条 待用分装容器在分装前应当保持清洁，避免容器中有玻璃碎屑、金属颗粒等污染物。

第二百零八条 产品分装、封口后应当及时贴签。未能及时贴签时，应当按照相关的操作规程操作，避免发生混淆或贴错标签等差错。

第二百零九条 单独打印或包装过程中在线打印的信息（如产品批号或有效期）均应当进行检查，确保其正确无误，并予以记录。如手工打印，应当增加检查频次。

第二百一十条 使用切割式标签或在包装线以外单独打印标签，应当采取专门措施，防止混淆。

第二百一十一条 应当对电子读码机、标签计数器或其他类似装置的功能进行检查，确保其准确运行。检查应当有记录。

第二百一十二条 包装材料上印刷或模压的内容应当清晰，不易褪色和擦除。

第二百一十三条 包装期间，产品的中间控制检查应当至少包括下述内容：

（一）包装外观；

（二）包装是否完整；

（三）产品和包装材料是否正确；

（四）打印信息是否正确；

（五）在线监控装置的功能是否正常。

样品从包装生产线取走后不应当再返还，以防止产品混淆或污染。

第二百一十四条 因包装过程产生异常情况而需要重新包装产品的，必须经专门检查、调查并由指定人员批准。重新包装应当有详细记录。

第二百一十五条 在物料平衡检查中，发现待包装产品、印刷包装材料以及成品数量有显著差异时，应当进行调查，未得出结论前，成品不得放行。

第二百一十六条 包装结束时，已打印批号的剩余包装材料应当由专人负责全部计数销毁，并有记录。如将未打印批号的印刷包装材料退库，应当按照操作规程执行。

第十章 质量控制与质量保证

第一节 质量控制实验室管理

第二百一十七条 质量控制实验室的人员、设施、设备应当与产品性质和生产规模相适应。

企业通常不得进行委托检验，确需委托检验的，应当按照第十一章中委托检验部分的规定，委托外部实验室进行检验，但应当在检验报告中予以说明。

第二百一十八条 质量控制负责人应当具有足够的管理实验室的资质和经验，可以管理同一企业的一个或多个实验室。

第二百一十九条 质量控制实验室的检验人员至少应当具有相关专业中专或高中以上学历，并经过与所从事的检验操作相关的实践培训且通过考核。

第二百二十条 质量控制实验室应当配备药典、标准图谱等必要的工具书，以及标准品或对照品等相关的标准物质。

第二百二十一条 质量控制实验室的文件应当符合第八章的原则，并符合下列要求：

（一）质量控制实验室应当至少有下列详细文件：

1. 质量标准；

2. 取样操作规程和记录；

3. 检验操作规程和记录（包括检验记录或实验室工作记事簿）；

4. 检验报告或证书；

5. 必要的环境监测操作规程、记录和报告；

6. 必要的检验方法验证报告和记录；

7. 仪器校准和设备使用、清洁、维护的操作规程及记录。

（二）每批药品的检验记录应当包括中间产品、待包装产品和成品的质量检验记录，可追溯该批药品所有相关的质量检验情况；

（三）宜采用便于趋势分析的方法保存某些数据（如检验数据、环境监测数据、制药用水的微生物监测数据）；

（四）除与批记录相关的资料信息外，还应当保存其他原始资料或记录，以方便查阅。

第二百二十二条 取样应当至少符合以下要求：

（一）质量管理部门的人员有权进入生产区和仓储区进行取样及调查；

（二）应当按照经批准的操作规程取样，操作规程应当详细规定：

1. 经授权的取样人；

2. 取样方法；

3. 所用器具；

4. 样品量；

5. 分样的方法；

6. 存放样品容器的类型和状态；

7. 取样后剩余部分及样品的处置和标识；

8. 取样注意事项，包括为降低取样过程产生的各种风险所采取的预防措施，尤其是无菌或有害物料的取样以及防止取样过程中污染和交叉污染的注意事项；

9. 贮存条件；

10. 取样器具的清洁方法和贮存要求。

（三）取样方法应当科学、合理，以保证样品的代表性；

（四）留样应当能够代表被取样批次的产品或物料，也可抽取其他样品来监控生产过程中最重要的环节（如生产的开始或结束）；

（五）样品的容器应当贴有标签，注明样品名称、批号、取样日期、取自哪一包装容器、取样人等信息；

（六）样品应当按照规定的贮存要求保存。

第二百二十三条 物料和不同生产阶段产品的检验应当至少符合以下要求：

（一）企业应当确保药品按照注册批准的方法进行全项检验；

（二）符合下列情形之一的，应当对检验方法进行验证：

1. 采用新的检验方法；

2. 检验方法需变更的；

3. 采用《中华人民共和国药典》及其他法定标准未收载的检验方法；

4. 法规规定的其他需要验证的检验方法。

（三）对不需要进行验证的检验方法，企业应当对检验方法进行确认，以确保检验数据准确、可靠；

（四）检验应当有书面操作规程，规定所用方法、仪器和设备，检验操作规程的内容应当与经确认或验证的检验方法一致；

（五）检验应当有可追溯的记录并应当复核，确保结果与记录一致。所有计算均应当严格核对；

（六）检验记录应当至少包括以下内容：

1. 产品或物料的名称、剂型、规格、批号或供货批号，必要时注明供应商和生产商（如不同）的名称或来源；

2. 依据的质量标准和检验操作规程；

3. 检验所用的仪器或设备的型号和编号；

4. 检验所用的试液和培养基的配制批号、对照品或标准品的来源和批号；

5. 检验所用动物的相关信息；

6. 检验过程，包括对照品溶液的配制、各项具体的检验操作、必要的环境温湿度；

7. 检验结果，包括观察情况、计算和图谱或曲线图，以及依据的检验报告编号；

8. 检验日期；

9. 检验人员的签名和日期；

10. 检验、计算复核人员的签名和日期。

（七）所有中间控制（包括生产人员所进行的中间控制），均应当按照经质量管理部门批准的方法进行，检验应当有记录；

（八）应当对实验室容量分析用玻璃仪器、试剂、试液、对照品以及培养基进行质量检查；

（九）必要时应当将检验用实验动物在使用前进行检验或隔离检疫。饲养和管理应当符合相关的实验动物管理规定。动物应当有标识，并应当保存使用的历史记录。

第二百二十四条 质量控制实验室应当建立检验结果超标调查的操作规程。任何检验结果超标都必须按照操作规程进行完整的调查，并有相应的记录。

第二百二十五条 企业按规定保存的、用于药品质量追溯或调查的物料、产品样品为留样。用于产品稳定性考察的样品不属于留样。

留样应当至少符合以下要求：

（一）应当按照操作规程对留样进行管理；

（二）留样应当能够代表被取样批次的物料或产品；

（三）成品的留样：

1. 每批药品均应当有留样；如果一批药品分成数次进行包装，则每次包装至少应当保留一件最小市售包装的成品；

2. 留样的包装形式应当与药品市售包装形式相同，原料药的留样如无法采用市售包装形式的，可采用模拟包装；

3. 每批药品的留样数量一般至少应当能够确保按照注册批准的质量标准完成两次全检（无菌检查和热原检查等除外）；

4. 如果不影响留样的包装完整性，保存期间内至少应当每年对留样进行一次目检观察，如有异常，应当进行彻底调查并采取相应的处理措施；

5. 留样观察应当有记录；

6. 留样应当按照注册批准的贮存条件至少保存至药品有效期后一年；

7. 如企业终止药品生产或关闭的，应当将留样转交授权单位保存，并告知当地药品监督管理部门，以便在必要时可随时取得留样。

（四）物料的留样：

1. 制剂生产用每批原辅料和与药品直接接触的包装材料均应当有留样。与药品直接接触的包装材料（如输液瓶），如成品已有留样，可不必单独留样；

2. 物料的留样量应当至少满足鉴别的需要；

3. 除稳定性较差的原辅料外，用于制剂生产的原辅料（不包括生产过程中使用的溶剂、气体或制药用水）和与药品直接接触的包装材料的留样应当至少保存至产品放行后二年。如果物料的有效期较短，则留样时间可相应缩短；

4. 物料的留样应当按照规定的条件贮存，必要时还应当适当包装密封。

第二百二十六条 试剂、试液、培养基和检定菌的管理应当至少符合以下要求：

（一）试剂和培养基应当从可靠的供应商处采购，必要时应当对供应商进行评估；

（二）应当有接收试剂、试液、培养基的记录，必要时，应当在试剂、试液、培养基的容器上标注接收日期；

（三）应当按照相关规定或使用说明配制、贮存和使用试剂、试液和培养基。特殊情况下，在接收或使用前，还应当对试剂进行鉴别或其他检验；

（四）试液和已配制的培养基应当标注配制批号、配制日期和配制人员姓名，并有配制（包括灭菌）记录。不稳定的试剂、试液和培养基应当标注有效期及特殊贮存条件。标准液、滴定液还应当标注最后一次标化的日期和校正因子，并有标化记录；

（五）配制的培养基应当进行适用性检查，并有相关记录。应当有培养基使用记录；

（六）应当有检验所需的各种检定菌，并建立检定菌保存、传代、使用、销毁的操作规程和相应记录；

（七）检定菌应当有适当的标识，内容至少包括菌种名称、编号、代次、传代日期、传代操作人；

（八）检定菌应当按照规定的条件贮存，贮存的方式和时间不应当对检定菌的生长特性有不利影响。

第二百二十七条 标准品或对照品的管理应当至少符合以下要求：

（一）标准品或对照品应当按照规定贮存和使用；

（二）标准品或对照品应当有适当的标识，内容至少包括名称、批号、制备日期（如有）、有效期（如有）、首次开启日期、含量或效价、贮存条件；

（三）企业如需自制工作标准品或对照品，应当建立工作标准品或对照品的质量标准以及制备、鉴别、检验、批准和贮存的操作规程，每批工作标准品或对照品应当用法定标准品或对照品进行标化，并确定有效期，还应当通过定期标化证明工作标准品或对照品的效价或含量在有效期内保持稳定。标化的过程和结果应当有相应的记录。

第二节 物料和产品放行

第二百二十八条 应当分别建立物料和产品批准放行的操作规程，明确批准放行的标准、职责，并有相应的记录。

第二百二十九条 物料的放行应当至少符合以下要求：

（一）物料的质量评价内容应当至少包括生产商的检验报告、物料包装完整性和密封性的检查情况和检验结果；

（二）物料的质量评价应当有明确的结论，如批准放行、不合格或其他决定；

（三）物料应当由指定人员签名批准放行。

第二百三十条 产品的放行应当至少符合以下要求：

（一）在批准放行前，应当对每批药品进行质量评价，保证药品及其生产应当符合注册和本规范要求，并确认以下各项内容：

1. 主要生产工艺和检验方法经过验证；

2. 已完成所有必需的检查、检验，并综合考虑实际生产条件和生产记录；

3. 所有必需的生产和质量控制均已完成并经相关主管人员签名；

4. 变更已按照相关规程处理完毕，需要经药品监督管理部门批准的变更已得到批准；

5. 对变更或偏差已完成所有必要的取样、检查、检验和审核；

6. 所有与该批产品有关的偏差均已有明确的解释或说明，或者已经过彻底调查和适当处理；如偏差还涉及其他批次产品，应当一并处理。

（二）药品的质量评价应当有明确的结论，如批准放行、不合格或其他决定；

（三）每批药品均应当由质量受权人签名批准放行；

（四）疫苗类制品、血液制品、用于血源筛查的体外诊断试剂以及国家食品药品监督管理局规定的其他生物制品放行前还应当取得批签发合格证明。

第三节　持续稳定性考察

第二百三十一条　持续稳定性考察的目的是在有效期内监控已上市药品的质量，以发现药品与生产相关的稳定性问题（如杂质含量或溶出度特性的变化），并确定药品能够在标示的贮存条件下，符合质量标准的各项要求。

第二百三十二条　持续稳定性考察主要针对市售包装药品，但也需兼顾待包装产品。例如，当待包装产品在完成包装前，或从生产厂运输到包装厂，还需要长期贮存时，应当在相应的环境条件下，评估其对包装后产品稳定性的影响。此外，还应当考虑对贮存时间较长的中间产品进行考察。

第二百三十三条　持续稳定性考察应当有考察方案，结果应当有报告。用于持续稳定性考察的设备（尤其是稳定性试验设备或设施）应当按照第七章和第五章的要求进行确认和维护。

第二百三十四条　持续稳定性考察的时间应当涵盖药品有效期，考察方案应当至少包括以下内容：

（一）每种规格、每个生产批量药品的考察批次数；

（二）相关的物理、化学、微生物和生物学检验方法，可考虑采用稳定性考察专属的检验方法；

（三）检验方法依据；

（四）合格标准；

（五）容器密封系统的描述；

（六）试验间隔时间（测试时间点）；

（七）贮存条件（应当采用与药品标示贮存条件相对应的《中华人民共和国药典》规定的长期稳定性试验标准条件）；

（八）检验项目，如检验项目少于成品质量标准所包含的项目，应当说明理由。

第二百三十五条 考察批次数和检验频次应当能够获得足够的数据，以供趋势分析。通常情况下，每种规格、每种内包装形式的药品，至少每年应当考察一个批次，除非当年没有生产。

第二百三十六条 某些情况下，持续稳定性考察中应当额外增加批次数，如重大变更或生产和包装有重大偏差的药品应当列入稳定性考察。此外，重新加工、返工或回收的批次，也应当考虑列入考察，除非已经过验证和稳定性考察。

第二百三十七条 关键人员，尤其是质量受权人，应当了解持续稳定性考察的结果。当持续稳定性考察不在待包装产品和成品的生产企业进行时，则相关各方之间应当有书面协议，且均应当保存持续稳定性考察的结果以供药品监督管理部门审查。

第二百三十八条 应当对不符合质量标准的结果或重要的异常趋势进行调查。对任何已确认的不符合质量标准的结果或重大不良趋势，企业都应当考虑是否可能对已上市药品造成影响，必要时应当实施召回，调查结果以及采取的措施应当报告当地药品监督管理部门。

第二百三十九条 应当根据所获得的全部数据资料，包括考察的阶段性结论，撰写总结报告并保存。应当定期审核总结报告。

第四节 变更控制

第二百四十条 企业应当建立变更控制系统，对所有影响产品质量的变更进行评估和管理。需要经药品监督管理部门批准的变更应当在得到批准后方可实施。

第二百四十一条 应当建立操作规程，规定原辅料、包装材料、质量标准、检验方法、操作规程、厂房、设施、设备、仪器、生产工艺和计算机软件变更的申请、评估、审核、批准和实施。质量管理部门应当指定专人负责变更控制。

第二百四十二条 变更都应当评估其对产品质量的潜在影响。企业可以根据变更的性质、范围、对产品质量潜在影响的程度将变更分类（如主要、次要变更）。判断变更所需的验证、额外的检验以及稳定性考察应当有科学依据。

第二百四十三条 与产品质量有关的变更由申请部门提出后，应当经评估、制定实施计划并明确实施职责，最终由质量管理部门审核批准。变更实施应当有相应的完整记录。

第二百四十四条 改变原辅料、与药品直接接触的包装材料、生产工艺、主要生产设备以及其他影响药品质量的主要因素时，还应当对变更实施后最初至少三个批次的药品质量进行评估。如果变更可能影响药品的有效期，则质量评估还应当包括对变更实施后生产的药品进行稳定性考察。

第二百四十五条 变更实施时，应当确保与变更相关的文件均已修订。

第二百四十六条 质量管理部门应当保存所有变更的文件和记录。

第五节　偏差处理

第二百四十七条 各部门负责人应当确保所有人员正确执行生产工艺、质量标准、检验方法和操作规程，防止偏差的产生。

第二百四十八条 企业应当建立偏差处理的操作规程，规定偏差的报告、记录、调查、处理以及所采取的纠正措施，并有相应的记录。

第二百四十九条 任何偏差都应当评估其对产品质量的潜在影响。企业可以根据偏差的性质、范围、对产品质量潜在影响的程度将偏差分类（如重大、次要偏差），对重大偏差的评估还应当考虑是否需要对产品进行额外的检验以及对产品有效期的影响，必要时，应当对涉及重大偏差的产品进行稳定性考察。

第二百五十条 任何偏离生产工艺、物料平衡限度、质量标准、检验方法、操作规程等的情况均应当有记录，并立即报告主管人员及质量管理部门，应当有清楚的说明，重大偏差应当由质量管理部门会同其他部门进行彻底调查，并有调查报告。偏差调查报告应当由质量管理部门的指定人员审核并签字。

企业还应当采取预防措施有效防止类似偏差的再次发生。

第二百五十一条 质量管理部门应当负责偏差的分类，保存偏差调查、处理的文件和记录。

第六节 纠正措施和预防措施

第二百五十二条 企业应当建立纠正措施和预防措施系统，对投诉、召回、偏差、自检或外部检查结果、工艺性能和质量监测趋势等进行调查并采取纠正和预防措施。调查的深度和形式应当与风险的级别相适应。纠正措施和预防措施系统应当能够增进对产品和工艺的理解，改进产品和工艺。

第二百五十三条 企业应当建立实施纠正和预防措施的操作规程，内容至少包括：

（一）对投诉、召回、偏差、自检或外部检查结果、工艺性能和质量监测趋势以及其他来源的质量数据进行分析，确定已有和潜在的质量问题。必要时，应当采用适当的统计学方法；

（二）调查与产品、工艺和质量保证系统有关的原因；

（三）确定所需采取的纠正和预防措施，防止问题的再次发生；

（四）评估纠正和预防措施的合理性、有效性和充分性；

（五）对实施纠正和预防措施过程中所有发生的变更应当予以记录；

（六）确保相关信息已传递到质量受权人和预防问题再次发生的直接负责人；

（七）确保相关信息及其纠正和预防措施已通过高层管理人员的评审。

第二百五十四条 实施纠正和预防措施应当有文件记录，并由质量管理部门保存。

第七节 供应商的评估和批准

第二百五十五条 质量管理部门应当对所有生产用物料的供应商进行质量评估，会同有关部门对主要物料供应商（尤其是生产商）的质量体系进行现场质量审计，并对质量评估不符合要求的供应商行使否决权。

主要物料的确定应当综合考虑企业所生产的药品质量风险、物料用量以及物料对药品质量的影响程度等因素。

企业法定代表人、企业负责人及其他部门的人员不得干扰或妨碍质量管理部门对物料供应商独立作出质量评估。

第二百五十六条 应当建立物料供应商评估和批准的操作规程，明确供应商的资质、选择的原则、质量评估方式、评估标准、物料供应商批准的程序。

如质量评估需采用现场质量审计方式的，还应当明确审计内容、周期、审计人员的组成及资质。需采用样品小批量试生产的，还应当明确生产批量、生产工艺、产品质量标准、稳定性考察方案。

第二百五十七条 质量管理部门应当指定专人负责物料供应商质量评估和现场质量审计，分发经批准的合格供应商名单。被指定的人员应当具有相关的法规和专业知识，具有足够的质量评估和现场质量审计的实践经验。

第二百五十八条 现场质量审计应当核实供应商资质证明文件和检验报告的真实性，核实是否具备检验条件。应当对其人员机构、厂房设施和设备、物料管理、生产工艺流程和生产管理、质量控制实验室的设备、仪器、文件管理等进行检查，以全面评估其质量保证系统。现场质量审计应当有报告。

第二百五十九条 必要时，应当对主要物料供应商提供的样品进行小批量试生产，并对试生产的药品进行稳定性考察。

第二百六十条 质量管理部门对物料供应商的评估至少应当包括：供应

商的资质证明文件、质量标准、检验报告、企业对物料样品的检验数据和报告。如进行现场质量审计和样品小批量试生产的，还应当包括现场质量审计报告，以及小试产品的质量检验报告和稳定性考察报告。

第二百六十一条 改变物料供应商，应当对新的供应商进行质量评估；改变主要物料供应商的，还需要对产品进行相关的验证及稳定性考察。

第二百六十二条 质量管理部门应当向物料管理部门分发经批准的合格供应商名单，该名单内容至少包括物料名称、规格、质量标准、生产商名称和地址、经销商（如有）名称等，并及时更新。

第二百六十三条 质量管理部门应当与主要物料供应商签订质量协议，在协议中应当明确双方所承担的质量责任。

第二百六十四条 质量管理部门应当定期对物料供应商进行评估或现场质量审计，回顾分析物料质量检验结果、质量投诉和不合格处理记录。如物料出现质量问题或生产条件、工艺、质量标准和检验方法等可能影响质量的关键因素发生重大改变时，还应当尽快进行相关的现场质量审计。

第二百六十五条 企业应当对每家物料供应商建立质量档案，档案内容应当包括供应商的资质证明文件、质量协议、质量标准、样品检验数据和报告、供应商的检验报告、现场质量审计报告、产品稳定性考察报告、定期的质量回顾分析报告等。

第八节　产品质量回顾分析

第二百六十六条 应当按照操作规程，每年对所有生产的药品按品种进行产品质量回顾分析，以确认工艺稳定可靠，以及原辅料、成品现行质量标准的适用性，及时发现不良趋势，确定产品及工艺改进的方向。应当考虑以往回顾分析的历史数据，还应当对产品质量回顾分析的有效性进行自检。

当有合理的科学依据时，可按照产品的剂型分类进行质量回顾，如固体制剂、液体制剂和无菌制剂等。

回顾分析应当有报告。

企业至少应当对下列情形进行回顾分析：

（一）产品所用原辅料的所有变更，尤其是来自新供应商的原辅料；

（二）关键中间控制点及成品的检验结果；

（三）所有不符合质量标准的批次及其调查；

（四）所有重大偏差及相关的调查、所采取的整改措施和预防措施的有效性；

（五）生产工艺或检验方法等的所有变更；

（六）已批准或备案的药品注册所有变更；

（七）稳定性考察的结果及任何不良趋势；

（八）所有因质量原因造成的退货、投诉、召回及调查；

（九）与产品工艺或设备相关的纠正措施的执行情况和效果；

（十）新获批准和有变更的药品，按照注册要求上市后应当完成的工作情况；

（十一）相关设备和设施，如空调净化系统、水系统、压缩空气等的确认状态；

（十二）委托生产或检验的技术合同履行情况。

第二百六十七条 应当对回顾分析的结果进行评估，提出是否需要采取纠正和预防措施或进行再确认或再验证的评估意见及理由，并及时、有效地完成整改。

第二百六十八条 药品委托生产时，委托方和受托方之间应当有书面的技术协议，规定产品质量回顾分析中各方的责任，确保产品质量回顾分析按时进行并符合要求。

第九节　投诉与不良反应报告

第二百六十九条 应当建立药品不良反应报告和监测管理制度，设立专门机构并配备专职人员负责管理。

第二百七十条 应当主动收集药品不良反应，对不良反应应当详细记录、评价、调查和处理，及时采取措施控制可能存在的风险，并按照要求向药品监督管理部门报告。

第二百七十一条 应当建立操作规程，规定投诉登记、评价、调查和处理的程序，并规定因可能的产品缺陷发生投诉时所采取的措施，包括考虑是否有必要从市场召回药品。

第二百七十二条 应当有专人及足够的辅助人员负责进行质量投诉的调查和处理，所有投诉、调查的信息应当向质量受权人通报。

第二百七十三条 所有投诉都应当登记与审核，与产品质量缺陷有关的投诉，应当详细记录投诉的各个细节，并进行调查。

第二百七十四条 发现或怀疑某批药品存在缺陷，应当考虑检查其他批次的药品，查明其是否受到影响。

第二百七十五条 投诉调查和处理应当有记录，并注明所查相关批次产品的信息。

第二百七十六条 应当定期回顾分析投诉记录，以便发现需要警觉、重复出现以及可能需要从市场召回药品的问题，并采取相应措施。

第二百七十七条 企业出现生产失误、药品变质或其他重大质量问题，应当及时采取相应措施，必要时还应当向当地药品监督管理部门报告。

第十一章 委托生产与委托检验

第一节 原 则

第二百七十八条 为确保委托生产产品的质量和委托检验的准确性和可靠性，委托方和受托方必须签订书面合同，明确规定各方责任、委托生产或委托检验的内容及相关的技术事项。

第二百七十九条 委托生产或委托检验的所有活动，包括在技术或其他方面拟采取的任何变更，均应当符合药品生产许可和注册的有关要求。

第二节 委托方

第二百八十条 委托方应当对受托方进行评估，对受托方的条件、技术水平、质量管理情况进行现场考核，确认其具有完成受托工作的能力，并能保证符合本规范的要求。

第二百八十一条 委托方应当向受托方提供所有必要的资料，以使受托方能够按照药品注册和其他法定要求正确实施所委托的操作。委托方应当使受托方充分了解与产品或操作相关的各种问题，包括产品或操作对受托方的环境、厂房、设备、人员及其他物料或产品可能造成的危害。

第二百八十二条 委托方应当对受托生产或检验的全过程进行监督。

第二百八十三条 委托方应当确保物料和产品符合相应的质量标准。

第三节 受托方

第二百八十四条 受托方必须具备足够的厂房、设备、知识和经验以及人员，满足委托方所委托的生产或检验工作的要求。

第二百八十五条 受托方应当确保所收到委托方提供的物料、中间产品和待包装产品适用于预定用途。

第二百八十六条 受托方不得从事对委托生产或检验的产品质量有不利影响的活动。

第四节 合 同

第二百八十七条 委托方与受托方之间签订的合同应当详细规定各自的产品生产和控制职责，其中的技术性条款应当由具有制药技术、检验专业知识和熟悉本规范的主管人员拟订。委托生产及检验的各项工作必须符合药品生产许可和药品注册的有关要求并经双方同意。

第二百八十八条 合同应当详细规定质量受权人批准放行每批药品的程序，确保每批产品都已按照药品注册的要求完成生产和检验。

第二百八十九条 合同应当规定何方负责物料的采购、检验、放行、生产和质量控制（包括中间控制），还应当规定何方负责取样和检验。

在委托检验的情况下，合同应当规定受托方是否在委托方的厂房内取样。

第二百九十条 合同应当规定由受托方保存的生产、检验和发运记录及样品，委托方应当能够随时调阅或检查；出现投诉、怀疑产品有质量缺陷或召回时，委托方应当能够方便地查阅所有与评价产品质量相关的记录。

第二百九十一条 合同应当明确规定委托方可以对受托方进行检查或现场质量审计。

第二百九十二条 委托检验合同应当明确受托方有义务接受药品监督管理部门检查。

第十二章 产品发运与召回

第一节 原 则

第二百九十三条 企业应当建立产品召回系统，必要时可迅速、有效地从市场召回任何一批存在安全隐患的产品。

第二百九十四条 因质量原因退货和召回的产品，均应当按照规定监督销毁，有证据证明退货产品质量未受影响的除外。

第二节 发 运

第二百九十五条 每批产品均应当有发运记录。根据发运记录，应当能够追查每批产品的销售情况，必要时应当能够及时全部追回，发运记录内容应当包括：产品名称、规格、批号、数量、收货单位和地址、联系方式、发货日期、运输方式等。

第二百九十六条 药品发运的零头包装只限两个批号为一个合箱，合箱外应当标明全部批号，并建立合箱记录。

第二百九十七条 发运记录应当至少保存至药品有效期后一年。

第三节　召　回

第二百九十八条　应当制定召回操作规程，确保召回工作的有效性。

第二百九十九条　应当指定专人负责组织协调召回工作，并配备足够数量的人员。产品召回负责人应当独立于销售和市场部门；如产品召回负责人不是质量受权人，则应当向质量受权人通报召回处理情况。

第三百条　召回应当能够随时启动，并迅速实施。

第三百零一条　因产品存在安全隐患决定从市场召回的，应当立即向当地药品监督管理部门报告。

第三百零二条　产品召回负责人应当能够迅速查阅到药品发运记录。

第三百零三条　已召回的产品应当有标识，并单独、妥善贮存，等待最终处理决定。

第三百零四条　召回的进展过程应当有记录，并有最终报告。产品发运数量、已召回数量以及数量平衡情况应当在报告中予以说明。

第三百零五条　应当定期对产品召回系统的有效性进行评估。

第十三章　自　检

第一节　原　则

第三百零六条　质量管理部门应当定期组织对企业进行自检，监控本规范的实施情况，评估企业是否符合本规范要求，并提出必要的纠正和预防措施。

第二节　自　检

第三百零七条　自检应当有计划，对机构与人员、厂房与设施、设备、物料与产品、确认与验证、文件管理、生产管理、质量控制与质量保证、委托生产与委托检验、产品发运与召回等项目定期进行检查。

第三百零八条 应当由企业指定人员进行独立、系统、全面的自检，也可由外部人员或专家进行独立的质量审计。

第三百零九条 自检应当有记录。自检完成后应当有自检报告，内容至少包括自检过程中观察到的所有情况、评价的结论以及提出纠正和预防措施的建议。自检情况应当报告企业高层管理人员。

第十四章　附　则

第三百一十条 本规范为药品生产质量管理的基本要求。对无菌药品、生物制品、血液制品等药品或生产质量管理活动的特殊要求，由国家食品药品监督管理局以附录方式另行制定。

第三百一十一条 企业可以采用经过验证的替代方法，达到本规范的要求。

第三百一十二条 本规范下列术语（按汉语拼音排序）的含义是：

（一）包装

待包装产品变成成品所需的所有操作步骤，包括分装、贴签等。但无菌生产工艺中产品的无菌灌装，以及最终灭菌产品的灌装等不视为包装。

（二）包装材料

药品包装所用的材料，包括与药品直接接触的包装材料和容器、印刷包装材料，但不包括发运用的外包装材料。

（三）操作规程

经批准用来指导设备操作、维护与清洁、验证、环境控制、取样和检验等药品生产活动的通用性文件，也称标准操作规程。

（四）产品

包括药品的中间产品、待包装产品和成品。

（五）产品生命周期

产品从最初的研发、上市直至退市的所有阶段。

（六）成品

已完成所有生产操作步骤和最终包装的产品。

（七）重新加工

将某一生产工序生产的不符合质量标准的一批中间产品或待包装产品的一部分或全部，采用不同的生产工艺进行再加工，以符合预定的质量标准。

（八）待包装产品

尚未进行包装但已完成所有其他加工工序的产品。

（九）待验

指原辅料、包装材料、中间产品、待包装产品或成品，采用物理手段或其他有效方式将其隔离或区分，在允许用于投料生产或上市销售之前贮存、等待作出放行决定的状态。

（十）发放

指生产过程中物料、中间产品、待包装产品、文件、生产用模具等在企业内部流转的一系列操作。

（十一）复验期

原辅料、包装材料贮存一定时间后，为确保其仍适用于预定用途，由企业确定的需重新检验的日期。

（十二）发运

指企业将产品发送到经销商或用户的一系列操作，包括配货、运输等。

（十三）返工

将某一生产工序生产的不符合质量标准的一批中间产品或待包装产品、成品的一部分或全部返回到之前的工序，采用相同的生产工艺进行再加工，以符合预定的质量标准。

（十四）放行

对一批物料或产品进行质量评价，作出批准使用或投放市场或其他决定的操作。

（十五）高层管理人员

在企业内部最高层指挥和控制企业、具有调动资源的权力和职责的人员。

（十六）工艺规程

为生产特定数量的成品而制定的一个或一套文件，包括生产处方、生产操作要求和包装操作要求，规定原辅料和包装材料的数量、工艺参数和条件、加工说明（包括中间控制）、注意事项等内容。

（十七）供应商

指物料、设备、仪器、试剂、服务等的提供方，如生产商、经销商等。

（十八）回收

在某一特定的生产阶段，将以前生产的一批或数批符合相应质量要求的产品的一部分或全部，加入到另一批次中的操作。

（十九）计算机化系统

用于报告或自动控制的集成系统，包括数据输入、电子处理和信息输出。

（二十）交叉污染

不同原料、辅料及产品之间发生的相互污染。

（二十一）校准

在规定条件下，确定测量、记录、控制仪器或系统的示值（尤指称量）或实物量具所代表的量值，与对应的参照标准量值之间关系的一系列活动。

（二十二）阶段性生产方式

指在共用生产区内，在一段时间内集中生产某一产品，再对相应的共用生产区、设施、设备、工器具等进行彻底清洁，更换生产另一种产品的方式。

（二十三）洁净区

需要对环境中尘粒及微生物数量进行控制的房间（区域），其建筑结构、装备及其使用应当能够减少该区域内污染物的引入、产生和滞留。

（二十四）警戒限度

系统的关键参数超出正常范围，但未达到纠偏限度，需要引起警觉，可能需要采取纠正措施的限度标准。

（二十五）纠偏限度

系统的关键参数超出可接受标准，需要进行调查并采取纠正措施的限度标准。

（二十六）检验结果超标

检验结果超出法定标准及企业制定标准的所有情形。

（二十七）批

经一个或若干加工过程生产的、具有预期均一质量和特性的一定数量的原辅料、包装材料或成品。为完成某些生产操作步骤，可能有必要将一批产品分成若干亚批，最终合并成为一个均一的批。在连续生产情况下，批必须与生产中具有预期均一特性的确定数量的产品相对应，批量可以是固定数量或固定时间段内生产的产品量。

例如：口服或外用的固体、半固体制剂在成型或分装前使用同一台混合设备一次混合所生产的均质产品为一批；口服或外用的液体制剂以灌装（封）前经最后混合的药液所生产的均质产品为一批。

（二十八）批号

用于识别一个特定批的具有唯一性的数字和（或）字母的组合。

（二十九）批记录

用于记述每批药品生产、质量检验和放行审核的所有文件和记录，可追溯所有与成品质量有关的历史信息。

（三十）气锁间

设置于两个或数个房间之间（如不同洁净度级别的房间之间）的具有两扇或多扇门的隔离空间。设置气锁间的目的是在人员或物料出入时，对气流进行控制。气锁间有人员气锁间和物料气锁间。

（三十一）企业

在本规范中如无特别说明，企业特指药品生产企业。

（三十二）确认

证明厂房、设施、设备能正确运行并可达到预期结果的一系列活动。

（三十三）退货

将药品退还给企业的活动。

（三十四）文件

本规范所指的文件包括质量标准、工艺规程、操作规程、记录、报告等。

（三十五）物料

指原料、辅料和包装材料等。

例如：化学药品制剂的原料是指原料药；生物制品的原料是指原材料；中药制剂的原料是指中药材、中药饮片和外购中药提取物；原料药的原料是指用于原料药生产的除包装材料以外的其他物料。

（三十六）物料平衡

产品或物料实际产量或实际用量及收集到的损耗之和与理论产量或理论用量之间的比较，并考虑可允许的偏差范围。

（三十七）污染

在生产、取样、包装或重新包装、贮存或运输等操作过程中，原辅料、中间产品、待包装产品、成品受到具有化学或微生物特性的杂质或异物的不利影响。

（三十八）验证

证明任何操作规程（或方法）、生产工艺或系统能够达到预期结果的一系列活动。

（三十九）印刷包装材料

指具有特定式样和印刷内容的包装材料，如印字铝箔、标签、说明书、纸盒等。

（四十）原辅料

除包装材料之外，药品生产中使用的任何物料。

（四十一）中间产品

指完成部分加工步骤的产品，尚需进一步加工方可成为待包装产品。

（四十二）中间控制

也称过程控制，指为确保产品符合有关标准，生产中对工艺过程加以监控，以便在必要时进行调节而做的各项检查。可将对环境或设备控制视作中间控制的一部分。

第三百一十三条　本规范自 2011 年 3 月 1 日起施行。按照《中华人民共和国药品管理法》第九条规定，具体实施办法和实施步骤由国家食品药品监督管理局规定。

2.4 中药提取物备案管理实施细则

（食药监药化监〔2014〕135号附件）

食品药品监管总局关于加强中药生产中提取和提取物监督管理的通知

（食药监药化监〔2014〕135号）

各省、自治区、直辖市食品药品监督管理局：

中药提取和提取物是保证中药质量可控、安全有效的前提和物质基础。近年来，随着中药生产的规模化和集约化发展，中药提取或外购中药提取物环节存在的问题比较突出，给中药的质量安全带来隐患。为加强中药提取和提取物的监督管理，规范中药生产行为，保证中成药质量安全有效，现将有关规定通知如下：

一、中药提取是中成药生产和质量管理的关键环节，生产企业必须具备与其生产品种和规模相适应的提取能力。药品生产企业可以异地设立前处理和提取车间，也可与集团内部具有控股关系的药品生产企业共用前处理和提取车间。

二、中成药生产企业需要异地设立前处理或提取车间的，需经企业所在地省（区、市）食品药品监督管理局批准。跨省（区、市）设立异地车间的，还应经车间所在地省（区、市）食品药品监督管理局审查同意。中成药生产企业《药品生产许可证》上应注明异地车间的生产地址。

三、与集团内部具有控股关系的药品生产企业共用前处理和提取车间的，该车间应归属于集团公司内部一个药品生产企业，并应报经所在地省（区、市）食品药品监督管理局批准。跨省（区、市）设立共用车间的，须经双方所在地省（区、市）食品药品监督管理局审查同意。该集团应加强统一管理，明确双方责任，制定切实可行的生产和质量管理措施，建立严格的质量控制标准。共用提取车间的中成药生产企业《药品生产许可证》上应注明提取车间的归属企业名称和地址。

四、中成药生产企业应对其异地车间或共用车间相关品种的前处理或提取质量负责，将其纳入生产和质量管理体系并对生产的全过程进行管理，提取过程应符合所生产中成药的生产工艺。提取过程与中成药应批批对应，形成完整的批生产记录，并在贮存、包装、运输等方面采取有效的质量控制措施。共用车间所属企业应按照《药品生产质量管理规范》（以下简称药品 GMP）组织生产，严格履行双方质量协议，对提取过程的质量负责。

五、中成药生产企业所在地省（区、市）食品药品监督管理局负责异地车间或共用车间相应品种生产过程的监督管理，对跨省（区、市）的异地车间或共用车间应进行延伸监管，车间所在地省（区、市）食品药品监督管理局负责异地车间或共用车间提取过程的日常监管。

六、自本通知印发之日起，各省（区、市）食品药品监督管理局一律停止中药提取委托加工的审批，已经批准的，可延续至 2015 年 12 月 31 日。在此期间，各省（区、市）食品药品监督管理局应切实加强对已批准委托加工的监督管理，督促委托方按照药品 GMP 的要求切实履行责任，制定可行的质量保证体系和管理措施，建立委托加工提取物的含量测定或指纹图谱等可控的质量标准，对委托加工全过程的生产进行质量监控和技术指导，并在运输过程中采取有效措施，以保证委托加工质量。凡不符合要求的一律撤销其委托加工的审批，并不得另行审批。

自 2016 年 1 月 1 日起，凡不具备中药提取能力的中成药生产企业，一律停止相应品种的生产。

七、对中成药国家药品标准处方项下载明，且具有单独国家药品标准的中药提取物实施备案管理。凡生产或使用上述应备案中药提取物的药品生产企业，均应按照《中药提取物备案管理实施细则》（见附件）进行备案。

八、中成药生产企业应严格按照药品标准投料生产，并对中药提取物的质量负责。对属于备案管理的中药提取物，可自行提取，也可购买使用已备案的中药提取物；对不属于备案管理的中药提取物，应自行提取。自2016年1月1日起，中成药生产企业一律不得购买未备案的中药提取物投料生产。

九、备案的中药提取物生产企业应按照药品GMP要求组织生产，保证其产品质量，其日常监管由所在地省（区、市）食品药品监督管理局负责。

自本文印发之日起，对中药提取物生产企业一律不予核发《药品生产许可证》和《药品GMP证书》，已核发的，有效期届满后不得再重新审查发证。

十、中成药生产企业使用备案的中药提取物投料生产的，应按照药品GMP要求对中药提取物生产企业进行质量评估和供应商审计。中成药生产企业所在地省（区、市）食品药品监督管理局应按照药品GMP有关要求和国家药品标准对中药提取物生产企业组织开展延伸检查，并出具检查报告，确认其是否符合药品GMP要求。

十一、对中药提取物将不再按批准文号管理，但按新药批准的中药有效成分和有效部位除外。对已取得药品批准文号，按本通知规定应纳入备案管理的中药提取物，在原批准文号有效期届满后，各省（区、市）食品药品监督管理局不再受理其再注册申请。

十二、中药材前处理是中药生产的重要工序，中药生产企业和中药提取物生产企业应当具备与所生产品种相适应的中药材前处理设施、设备，制定相应的前处理工艺规程，对中药材进行炮制和加工。外购中药饮片投料生产的，必须从具备合法资质的中药饮片生产经营企业购买。

十三、中成药生产企业违反本通知第七条规定，使用未备案的中药提取物投料生产的，应依据《中华人民共和国药品管理法》第七十九条进行查处。

十四、中成药生产企业未按药品标准规定投料生产，购买并使用中药提取物代替中药饮片投料生产的，应依据《中华人民共和国药品管理法》第四十八条第三款第二项按假药论处。

十五、本通知自印发之日起执行，此前印发的相关文件与本通知不一致的，以本通知为准。

以上请各省（区、市）食品药品监督管理局通知行政区域内相关药品生产企业并遵照执行。在本文件执行过程中如有问题和建议，请及时向总局反映。

附件：中药提取物备案管理实施细则

国家食品药品监督管理总局

2014年7月29日

中药提取物备案管理实施细则

第一条 为加强中成药生产监督管理，规范中药提取物备案管理工作，保证使用中药提取物的中成药安全、有效和质量可控，制定本细则。

第二条 本细则所指中药提取物，是中成药国家药品标准的处方项下载明，并具有单独国家药品标准，且用于中成药投料生产的挥发油、油脂、浸膏、流浸膏、干浸膏、有效成分、有效部位等成分。

本细则所指中药提取物不包括：中成药国家药品标准中附有具体制法或标准的提取物；按新药批准的中药有效成分或有效部位；冰片、青黛、阿胶等传统按中药材或中药饮片使用的产品；盐酸小檗碱等按化学原料药管理，并经过化学修饰的产品。

第三条 本细则所指中药提取物备案，是中药提取物生产企业按要求提交中药提取物生产备案资料，以及中药提取物使用企业按要求提交使用备案资料的过程。

第四条 中药提取物生产备案，中药提取物生产企业应通过中药提取物备案信息平台，填写《中药提取物生产备案表》(附1)，向所在地省（区、市）食品药品监督管理局提交完整的资料（PDF格式电子版），并对资料真实性负责。

第五条 中药提取物生产备案应提交以下资料：

(一)《中药提取物生产备案表》原件。

（二）证明性文件彩色影印件，包括有效的《营业执照》等。

（三）国家药品标准复印件。

（四）生产该提取物用中药材、中药饮片信息。包括产地、基原、执行标准或炮制规范。

（五）关键工艺资料。包括主要工艺路线、设备，关键工艺参数等，关键工艺资料应提供给中药提取物使用企业。

（六）内控质量标准。包括原料、各单元工艺环节物料及过程质量控制指标、提取物成品检验标准，以及完整工艺路线、详细工艺参数等。用于中药注射剂的中药提取物应提交指纹或特征图谱检测方法和指标等质量控制资料。

（七）中药提取物购销合同书彩色影印件。购销合同书应明确质量责任关系。

（八）其他资料。

第六条 中药提取物生产备案信息不得随意变更，如有变更，中药提取物生产企业应及时通知相关中药提取物使用企业，并提交变更相关资料，按上述程序和要求重新备案。

第七条 中药提取物使用备案，中药提取物使用企业应通过中药提取物备案信息平台，填写《中药提取物使用备案表》(附2)，向所在地省（区、市）食品药品监督管理局提交完整的资料（PDF格式电子版），并对资料真实性负责。

第八条 中药提取物使用备案应提交以下资料：

(一)《中药提取物使用备案表》原件。

（二）证明性文件彩色影印件。包括有效的《药品生产许可证》《营业执照》《药品 GMP 证书》、使用中药提取物的中成药品种批准证明文件及其变更证明文件等。

（三）使用中药提取物的中成药国家药品标准复印件。

（四）中药提取物购销合同书彩色影印件。购销合同书应明确质量责任关系。

（五）对中药提取物生产企业的质量评估报告。重点包括评估中药提取物生产企业的生产条件、技术水平、质量管理、中药提取物原料、生产过程和提取物质量等方面。

（六）对中药提取物生产企业的供应商审计报告。

（七）中药提取物关键工艺资料。

（八）其他资料。

第九条 中成药国家药品标准处方项下含多种中药提取物的，应填写同一《中药提取物使用备案表》，一同备案。

第十条 中成药生产企业自主生产中药提取物供本企业使用的，应分别对该中药提取物进行生产及使用备案，使用备案时仅提交第八条中的（一）（二）项资料。

第十一条 中药提取物使用企业应固定中药提取物来源；及时了解其使用的中药提取物生产备案信息变更情况，参照《已上市中药变更研究技术指导原则（一）》的要求，对中药提取物生产备案信息变更可能产生的中成药产品质量变化进行研究和评估，中药提取物生产备案信息变更造成中成药产品质量改变的，应立即停止使用。

中药提取物使用备案信息发生变更，包括使用企业、使用的中成药品种及其使用的提取物生产备案的有关信息变更等，相关使用企业应提交变更相关资料，按上述程序和要求重新备案。

第十二条 国家食品药品监督管理总局负责建立中药提取物备案信息平台。

各省（区、市）食品药品监督管理局负责本行政区域内中药提取物生产或使用备案工作，并负责本行政区域内中药提取物生产或使用的监督检查。

第十三条 各省（区、市）食品药品监督管理局收到中药提取物备案资料后，应在 5 个工作日内将备案资料传送至中药提取物备案信息平台。中药提取物备案信息平台按备案顺序自动生成中药提取物备案号。

中药提取物生产备案号格式为：ZTCB+4 位年号 +4 位顺序号 + 省份简称；如有变更，变更后备案顺序号格式：原备案号 +3 位变化顺序号。

中药提取物使用备案号格式为：ZTYB+4 位年号 +4 位顺序号 + 省份简称；如有变更，变更后备案号格式：原备案号 +3 位变化顺序号。

第十四条 中药提取物备案信息平台将自动公开使用备案基本信息，包括：中药提取物名称、生产企业、备案时间、生产备案号，使用该中药提取物的中成药品种名称、批准文号、生产企业、备案时间、使用备案号，备案状态。

中药提取物生产备案内容及使用备案中的内控质量标准、生产工艺资料、购买合同书和质量评估报告等资料不予公开。

第十五条 中药提取物备案信息供各级食品药品监督管理局监督检查及延伸检查使用；其中，未公开的备案资料仅供国家食品药品监督管理总局、备案所在地省（区、市）食品药品监督管理局监督检查及延伸检查使用。

第十六条 各省（区、市）食品药品监督管理局在监督检查中发现存在以下情形的，应采取责令整改、暂停生产使用该中药提取物等措施，并依法予以行政处罚，同时报请国家食品药品监督管理总局在该中药提取物相关备案信息中记载并公示。

（一）备案资料与生产实际不一致的；

（二）中药提取物的生产不符合《药品生产质量管理规范》（GMP）要求的；

（三）中药提取物的生产不符合国家药品标准的；

（四）外购中药提取物冒充自主生产产品的；

（五）外购中药提取物半成品或成品进行分包装或改换包装的；

（六）经查实，中成药出现的质量问题系由其使用的中药提取物引起的；

（七）存在其他违法违规行为的。

附：1. 中药提取物生产备案表

2. 中药提取物使用备案表

附 1

2.4.1 中药提取物生产备案表

编号：XX0000001

声明	
我们保证： ①本次备案遵守《中华人民共和国药品管理法》《中华人民共和国药品管理法实施条例》和《药品注册管理办法》等法律、法规和规章的规定； ②备案内容及所有备案资料均真实、来源合法、未侵犯他人的权益； ③一并提交的电子文件与打印文件内容完全一致。 如有不实之处，我们承担由此导致的一切法律后果。	
备案事项	
备案类型	□初次　□变更
提取物使用情形	□自产自用　□外销　□自产自用和外销
备案事由	
备案资料	□证明性文件彩色影印件 □国家药品标准复印件 □生产该提取物用中药材、中药饮片信息 □关键工艺资料 □内控质量标准 □中药提取物购销合同书彩色影印件 □其他资料： 具体资料名称：
提取物基本信息	
提取物名称	
提取物种类	
执行标准来源	□《中国药典》标准 □其他国家药品标准
执行标准编号	

<table>
<tr><td rowspan="3" colspan="2">中药材、中药饮片等原料信息</td><td>名称</td><td colspan="2"></td><td>产地</td><td></td></tr>
<tr><td>基原</td><td colspan="2"></td><td></td><td></td></tr>
<tr><td>执行标准</td><td colspan="4"></td></tr>
<tr><td></td><td>生产企业</td><td colspan="3">原料为中药饮片时填写</td><td></td><td></td></tr>
<tr><td colspan="2">主要成分或部位</td><td colspan="5"></td></tr>
<tr><td>是否具有药品批准文号</td><td colspan="2">□是</td><td colspan="2">批准文号</td><td colspan="2"></td></tr>
<tr><td></td><td colspan="6">□否</td></tr>
<tr><td colspan="7">备案机构基本信息</td></tr>
<tr><td colspan="2">药品生产许可证编号</td><td colspan="5"></td></tr>
<tr><td colspan="2">提取物相关生产范围</td><td colspan="5"></td></tr>
<tr><td colspan="7">历次备案信息（变更备案时勾选）</td></tr>
<tr><td>序号</td><td colspan="2">历次备案顺序号</td><td>备案时间</td><td colspan="3">变更原因概述</td></tr>
<tr><td></td><td colspan="2"></td><td></td><td colspan="3"></td></tr>
<tr><td></td><td colspan="2"></td><td></td><td colspan="3"></td></tr>
<tr><td></td><td colspan="2"></td><td></td><td colspan="3"></td></tr>
<tr><td colspan="7">备案机构信息</td></tr>
<tr><td>中文名称</td><td colspan="6"></td></tr>
<tr><td>组织机构代码</td><td colspan="6"></td></tr>
<tr><td>法定代表人</td><td colspan="6"></td></tr>
<tr><td>注册地址</td><td colspan="6"></td></tr>
<tr><td>生产地址</td><td colspan="6"></td></tr>
<tr><td>通信地址</td><td colspan="6"></td></tr>
<tr><td>备案负责人</td><td colspan="3"></td><td>职位</td><td colspan="2"></td></tr>
<tr><td>联系人</td><td colspan="3"></td><td>职位</td><td colspan="2"></td></tr>
<tr><td>电话</td><td colspan="3"></td><td>传真</td><td colspan="2"></td></tr>
<tr><td>电子邮箱</td><td colspan="3"></td><td>手机</td><td colspan="2"></td></tr>
<tr><td>法定代表人（签名）</td><td colspan="6">（加盖公章处）
年　月　日</td></tr>
</table>

附 2

2.4.2 中药提取物使用备案表

编号：XX0000001

<table>
<tr><td colspan="4">声明</td></tr>
<tr><td colspan="4">我们保证：
①本次备案遵守《中华人民共和国药品管理法》《中华人民共和国药品管理法实施条例》和《药品注册管理办法》等法律、法规和规章的规定；
②备案内容及所有备案资料均真实、来源合法、未侵犯他人的权益；
③一并提交的电子文件与打印文件内容完全一致。
如有不实之处，我们承担由此导致的一切法律后果。</td></tr>
<tr><td colspan="4">备案事项</td></tr>
<tr><td>备案类型</td><td colspan="3">□初次　□变更</td></tr>
<tr><td>备案事由</td><td colspan="3"></td></tr>
<tr><td>备案资料</td><td colspan="3">□证明性文件彩色影印件
□使用中药提取物的中成药国家药品标准复印件
□中药提取物购销合同书彩色影印件
□中药提取物生产企业质量评估报告
□中药提取物生产企业供应商审计报告
□中药提取物关键工艺资料
□其他资料：
具体资料名称：</td></tr>
<tr><td colspan="4">药品信息（使用中药提取物的中成药品种信息）</td></tr>
<tr><td>通用名称</td><td colspan="3"></td></tr>
<tr><td>剂型</td><td></td><td>规格</td><td></td></tr>
<tr><td>批准文号</td><td colspan="3"></td></tr>
<tr><td>批准时间</td><td colspan="3"></td></tr>
<tr><td>执行标准来源</td><td colspan="3"></td></tr>
<tr><td>执行标准编号</td><td colspan="3"></td></tr>
<tr><td colspan="4">处方中提取物信息</td></tr>
</table>

序号	提取物名称	剂量

提取物来源			
序号	提取物名称	生产备案顺序号	使用情形
			□自产自用 □购买使用
			□自产自用 □购买使用
			□自产自用 □购买使用

历次备案信息（变更备案填写）			
序号	使用备案顺序号	备案时间	变更原因概述

备案机构信息			
中文名称			
组织机构代码			
法定代表人			
注册地址			
生产地址			
通信地址			
备案负责人		职位	
联系人		职位	
电话		传真	
电子邮箱		手机	
药品生产许可证编号			
GMP 证书编号			
法定代表人（签名）	（加盖公章处） 年 月 日		

2.5《中药新药用药材质量控制研究技术指导原则（试行）》有关文件

2.5.1 中药新药用药材质量控制研究技术指导原则（试行）

（国家药监局药审中心2020年第31号通告附件1）

国家药监局药审中心关于发布《中药新药用药材质量控制研究技术指导原则（试行）》等3个指导原则的通告

（2020年第31号）

在国家药品监督管理局的部署下，药审中心组织制定了《中药新药用药材质量控制研究技术指导原则（试行）》（附件1）、《中药新药用饮片炮制研究技术指导原则（试行）》（附件2）、《中药新药质量标准研究技术指导原则（试行）》（附件3）。根据《国家药监局综合司关于印发药品技术指导原则发布程序的通知》（药监综药管〔2020〕9号）要求，经国家药品监督管理局审核同意，现予发布，自发布之日起施行。

特此通告。

国家药品监督管理局药品审评中心

2020年10月10日

中药新药用药材质量控制研究技术指导原则（试行）

一、概述

药材是中药新药研发和生产的源头，其质量是影响中药新药安全、有效和质量可控的关键因素。为完善中药制剂质量控制体系，加强药品质量的可追溯性，为中药制剂提供安全有效、质量稳定的药材，基于全过程质量控制和风险管控的理念，针对药材生产的关键环节和关键质控点，制定本技术指导原则。

本指导原则主要包括药材基原与药用部位、产地、种植养殖、采收与产地加工、包装与贮藏及质量标准等内容，旨在为中药新药用药材的质量控制研究提供参考。

二、基本原则

（一）尊重中医药传统和特色

药材质量控制研究应遵循中医药理论，尊重中医药传统经验和特色。药材的适宜产地、生产方式、生长年限、采收时间、产地加工方法及药材的质量评价等应尊重传统经验。鼓励传承传统经验和技术，鼓励应用现代科学技术表征传统质量评价经验和指标。

（二）满足中药新药研究设计需要

应基于中药新药研究设计的需要，根据不同药材的特点，研究影响药材及制剂质量稳定的关键因素和风险控制点，满足制剂质量控制的需要。采取必要的措施如固定基原、药用部位、产地等以保证中药新药用药材质量基本稳定。

（三）加强生产全过程质量控制

应加强药材的基原、产地、种植养殖、采收加工、包装贮藏等生产全过程的质量控制研究。鼓励参照中药材生产质量管理规范（GAP）的要求进行药材种植养殖，建立野生药材的采收、产地加工、包装贮藏等相应的质量控制和管理措施。应保证药材来源可追溯，鼓励运用现代信息技术建立药材追溯体系。

（四）关注药材资源可持续利用

应处理好药材合理利用与资源保护的关系，开展资源评估，保证药材资源的可持续利用。使用源自野生动植物的药材，应符合国家关于野生动植物管理的相关法规及要求。中药新药应严格限定使用源自野生动物的药材，原则上不使用源自珍稀濒危野生动植物的药材，如确需使用，应严格要求，尽早开展种植养殖或野生抚育研究，保证资源可持续利用。使用古生物化石类药材的，应符合国家关于古生物化石保护管理的相关法规及要求。

三、主要内容

（一）基原与药用部位

基原准确是保证药材质量的基础。应明确药材的原植/动物中文名、拉丁学名及药用部位。对于多基原药材，一般应固定使用其中一个基原，若需使用多个基原的，应提供充分的依据，并固定使用比例，保证制剂质量的稳定。种植养殖药材有明确选育品种的，一般应说明品种信息。矿物药应明确该矿物的类、族、矿石名或岩石名以及主要成分。

应采取措施保证所用药材基原和药用部位准确。新药材、易混淆药材、难以确定基原的药材，原则上应采集原植/动/矿物的凭证标本，由专家或有资质的机构进行物种鉴定，并保留标本、照片及相关资料。必要时还需与伪品进行对比研究，并结合产地调研等，确认药材基原。新药材应详细描述药材的相关信息，如原植/动物形态特征和药用部位，说明原植/动物的生长环境、习性、产地、分布及资源等。野生药材在相同生长区域、相同采收期有易混淆物种的，应进行基原鉴别及与易混淆品区别的研究。

（二）产地

产地是影响药材质量的重要因素之一，固定产地是保证药材质量相对稳定的重要措施。通过文献研究、产地考察等方法，了解药材的道地产区、主产区、核心分布区及适生区等情况，了解不同产地药材的质量差异，加强不同产地药材质量规律的研究。矿物药产地的地质环境及伴生矿等情况与药材中重金属及其他杂质密切相关，应加强针对性的研究。

应综合考虑药材的生长习性、临床用药经验和传统习惯、药材质量、资源状况及种植养殖条件等合理选择药材产地。鼓励以道地产区作为药材产地，药材种植也可选择适宜生长区内生态环境与道地产区相似的地区。

产地一般为生态环境相似的特定药材生长区域，产地范围应根据所产药材质量变化情况而定，同一产地内所产药材的质量一般应相对稳定。在保证药材质量稳定的前提下，可以选择多个产地。

（三）种植养殖

药材的种植养殖应了解药用植/动物的生长发育规律或生活习性。考虑中药特点和中药新药研发规律，尤其在中药新药上市后应关注药材种植养殖各环节的管理，重点关注以下内容：

1. 种子种苗

应明确种子种苗的来源，保证其质量稳定。鼓励选用来源于道地产区种质或优良品种繁育的种子种苗。如变更品种，应进行充分的风险评估和研究，证明其安全、有效和质量可控，保证变更前后药材质量一致。

2. 农业投入品

药用植物种植过程中应加强农药化肥等投入品的管理。应结合药材生长特点、对病虫害的防治效果、残留情况及污染风险等合理确定农药种类、用量和使用方法，尽可能按最低剂量及最少次数使用。农药使用应符合国家有关规定，及时关注国家相关部门发布的农药禁限用名单。药用动物养殖过程中应严格遵守国家相关部门关于动物养殖、兽药安全使用等规定。

应加强种植养殖药材的文件管理。详细记录所用农药、化肥或兽药等农业投入品，内容包括名称、用量、次数、时间、使用安全间隔期等。

3. 种植养殖研究

鼓励开展药材生态种植、野生抚育和仿生栽培技术等种植养殖研究，探索药材质量和产量形成的规律，研究影响药材质量的关键技术，研究建立质量控制方法。应根据种植养殖过程中质量控制及风险管理的需要，对药材质量及农药等有害污染物进行跟踪监测，发现问题应及时查找原因，并采取有效措施整改。药用植/动物的长期种植养殖过程中，应有保证种质稳定的措施，防范药材种质变异和退化。

（四）采收与产地加工

采收和产地加工是影响药材质量的重要环节。一般应尊重传统经验，坚持质量优先、兼顾产量的原则。重点关注以下内容：

1. 采收

药材的采收应根据药材的特点和生长物候期，确定生长年限、采收期及采收方法。生长年限和采收期等与传统经验不一致时，应有充分的依据。

野生药材的采收应制定科学合理的采收方案，保证资源可持续利用。采收过程中应避免混采混收、非药用部位或杂质的混入。应加强对采收人员的培训及采收地点、时间、数量等信息的管理。

矿物药的采挖应符合国家相关规定，注意对产地的研究，特别关注地质环境及伴生矿等情况，避免杂质混入。

2. 产地加工

药材的产地加工一般应遵循传统经验，根据药材的特点和制剂需要，研究确定适宜的产地加工方法，明确关键工艺参数。鼓励采用有科学依据并经生产实践证明高效、集约化的产地加工技术。产地加工过程中应避免造成药材的二次污染或质量下降。

（五）包装与贮藏

药材的包装与贮藏对其质量有着重要的影响。药材的包装应能够保护药材的质量并便于流通。

1. 包装及标签

包装材料应符合国家相关规定，有利于保持药材质量稳定、不污染药材。应根据药材特点选择合适的包装材料，关注易挥发、污染、受潮、变质等特殊药材的包装。同一包装内药材的基原、产地、采收期等应一致。包装上应按照规定印有或者贴有标签，标签内容应符合法律、法规的要求。

2. 贮藏条件

药材的贮藏应符合中药养护要求，应结合药材的特点及传统经验，开展贮藏条件（如温度、湿度、光照等）和贮藏时间对药材质量影响的研究，特别是对易虫蛀、霉变、腐烂、走油等药材，应根据研究结果建立合理的质量控制指标，确定合理的贮藏条件，加强质量控制。鼓励有利于保证药材质量的贮藏新技术的研究和应用。

（六）质量研究与质量标准

中药新药用药材的质量标准应根据制剂质量控制需要进行研究完善。药材质量标准应符合中药特点，反映药材的质量状况，体现整体质量控制理念，有利于保证药材质量稳定。应注重科学性和实用性相结合，传统方法和新技术、新方法相结合，并探索传统质量评价经验与现代检测指标之间的相关性。重点关注以下内容：

1. 保证基原准确

应建立药材的专属性鉴别方法，保证药材来源准确，避免出现易混淆品、掺杂使假等问题。可选择适宜的对照药材、对照提取物、标准图谱等作为对照，必要时还需与伪品进行对比研究，说明方法的专属性。注意加强传统鉴别中有效方法的使用。鼓励根据基础科学研究进展和国家药品抽检探索性研究结果研究建立有效的基原鉴别方法。

2. 控制安全风险

对于传统认识为大毒（剧毒）、有毒的药材，以及现代研究发现的毒性药材（如马兜铃科药材等），应加强毒性成分的基础研究，结合制剂安全性及风险评估结果确定合理的质控指标及限度要求。对含有与已发现有毒成分同科属的药材应注意进行相关研究。

外购药材存在染色增重、掺杂使假等常见问题的，应加强研究，根据风险管理的需要，参照国家相关补充检验方法或研究增加针对性的检测项目，必要时列入内控标准。

应加强药材外源性污染物的研究。根据药材生产过程中农药、兽药、熏蒸剂等的使用情况，以及可能被重金属及有害元素、真菌毒素等污染的风险，结合炮制及相应制剂的生产工艺进行综合评估，必要时在质量标准中建立相关外源性污染物的检测项目，并根据研究结果，分区域、分品种制定外源性污染物控制标准。矿物药应关注矿床地质环境、采收和加工方法的规范性，加强伴生重金属及有害元素的控制。动物类药材应关注携带病原微生物等问题，防范生物安全风险，尤其是源自野生动物的药材。

3. 质量稳定可控

质量标准应能反映药材的整体质量属性，应关注检测项目和指标与制剂关键质量属性的相关性。应根据药材质量状况和中药新药研究设计要求，研究确定合理的质量要求。鼓励研究建立多指标检验检测方法，如浸出物测定、指纹 / 特征图谱、大类成分含量测定、多指标成分含量测定，以整体控制药材质量，保证制剂质量稳定。

四、参考文献

1. 国家食品药品监督管理局 .《中药、天然药物原料的前处理技术指导原则》. 2005 年 .

2. 国家食品药品监督管理局 .《天然药物新药研究技术要求》. 2013 年 .

2.5.2 中药新药用饮片炮制研究技术指导原则（试行）

（国家药监局药审中心2020年第31号通告附件2）

一、概述

中药新药用饮片炮制与新药制剂的质量控制和临床疗效密切相关，需要在新药研制阶段遵循中医药理论，围绕新药特点和研究设计需要开展研究。为指导中药新药用饮片炮制研究，为中药制剂生产提供安全、有效和质量稳定的饮片，制定本指导原则。

本指导原则主要包括炮制工艺、炮制用辅料、饮片标准、包装与贮藏等内容，旨在为中药新药用饮片炮制的研究提供参考。

二、一般原则

（一）遵循中医药理论

饮片炮制研究应遵循中医药理论，继承传统炮制经验和技术，守正创新。饮片炮制方法、工艺参数、炮制程度、贮藏条件及养护管理等应尊重传统炮制经验和技术。鼓励采用传统经验与现代科学技术相结合的方式开展饮片炮制研究。

（二）满足中药新药研究设计的需要

饮片炮制研究应满足中药新药研究设计的需要，根据药材的关键质量属性、生产设备能力等研究确定炮制工艺参数及质量要求。中药新药用饮片，如确需采用其他炮制方法的，应进行充分的研究。中药新药用饮片与临床调剂用饮片的规格可不同，应在遵循传统炮制方法基础上，根据药材特点及制剂生产规模、提取工艺特点、质量控制要求等确定合适的饮片规格和质量要求。饮片炮制应符合药品生产质量管理规范的要求。

（三）建立完善质量标准

根据中药新药研究设计的需要，药材、饮片及中药制剂质量标准关联性的研究结果，建立完善相应的饮片标准，其检测项目的设立应关注与安全性、有效性的关联。炮制用药材及辅料均应符合相关标准。无标准的饮片、炮制用辅料，应研究建立相应的标准。已有标准但尚不能满足质量控制需要的，应研究完善相应的标准。

（四）加强全过程质量控制

饮片炮制应进行全过程质量控制，对炮制过程中导致中药制剂质量波动的关键环节和风险控制点加强研究和控制，规范饮片炮制的文件管理。鼓励运用现代信息技术建立饮片追溯体系，实现来源可查、去向可追。

三、基本内容

（一）炮制工艺

根据中医药理论、临床用药及中药新药研究设计需要，在继承传统工艺的基础上，对药材进行净制、切制、炮炙等炮制具体工艺研究，确定工艺参数、生产设备等，并进行工艺验证。炮制所用的生产设备应与炮制工艺、生产规模及饮片质量要求相适应。

1. 净制

常用的方法有挑选、风选、水选、筛选、剪切、刮、削、剔除、刷、擦、碾、撞等。应根据药材情况及中药制剂生产要求进行净制，通过研究选择合适的净制方法，达到规定的净度要求。

饮片粉碎后以药粉直接入药的口服制剂，应在水洗等净制环节对药材（饮片）中微生物污染种类及污染水平进行研究，在保证饮片质量的前提下，采用合理的方法、设备、条件等，有效降低微生物污染水平。

2. 切制

除少数药材鲜切、干切外，一般需经过软化处理，使药材利于切制。常用的软化方法包括喷淋、淘洗、泡、漂、润等，应研究选择合适的软化方法，避免有效成分损失或破坏，明确软化的具体方法、设备、吸水量、温度、时间等工艺参数。

鼓励开展新型切制技术研究，应以尊重传统加工炮制经验和保证饮片质量为前提，并符合药品生产质量管理规范的有关要求，研究制定工艺参数和质量标准。产地趁鲜切制品种未收载于国家药品标准或省、自治区、直辖市的药材（饮片）标准或炮制规范的，应与传统方法进行充分的对比研究。药材采用破碎等技术加工成适合提取的饮片形式的，应研究说明方法的合理性，并根据药材特性选择合适的方法及参数，使破碎后饮片的大小分布在合适的范围内。

3. 炮炙

常用的方法有炒、炙、煅、蒸、煮、复制、煨等。炮炙应充分考虑温度、时间、所用辅料的种类和用量等对饮片质量的影响，结合饮片特点及规格、生产设备及规模等，研究确定炮炙关键工艺参数。如炒制，一般应明确炒药设备（如型号、工作原理及关键技术参数等）、饮片规格、投料量、炒制温度（应结合设备情况明确炒制温度的测试点）、转速、炒制时间等工艺参数。如需加辅料，应明确辅料种类、用量、加入方式等内容。炮炙程度（即终点控制）鼓励采用传统经验与现代技术相结合的方法进行判断，如可采用智能识别、图像对比等方法，根据性状对饮片炮炙程度进行判断，规定合理范围，保证批间质量的稳定。

对于发酵法、发芽法、水飞法、制霜法等特殊炮炙方法，应充分尊重传统炮制工艺，明确关键工艺参数、生产设备等。

4. 干燥

炮制过程中需干燥的饮片应及时处理，避免因干燥不及时而引起微生物污染及变质、腐败等。常用的干燥方法包括晒干或阴干、烘干等。应根据具体饮片性质选择适宜的干燥方法和条件，应对干燥设备、温度、时间、物料厚度等进行研究，明确方法及工艺参数。在干燥过程中应采取有效措施防止饮片被污染和交叉污染，鼓励采用新型低温干燥技术。

（二）炮制用辅料

1. 炮制用辅料制备

炮制用辅料需外购的，一般应选用以传统工艺制备的产品。如醋，应为米、麦、高粱等酿制而成，不得添加着色剂、调味剂等。

炮制用辅料需自行制备的，一般应按饮片炮制规范、药材 / 饮片标准收载的制备方法制备，加强过程控制，保证炮制用辅料质量稳定，必要时应进行制备方法的研究，明确制备方法及工艺参数。如甘草汁、姜汁等临用前配制的，应按炮制规范规定的方法制备，并研究细化工艺参数（如加水量、提取次数、煎煮时间等）。

辅料制备方法未收载于国家药品标准或省、自治区、直辖市的药材 / 饮片标准或炮制规范的，应尊重传统经验，进行制备方法研究，明确适宜的制备方法及工艺参数。

来源于动物的辅料，应对可能引发人畜共患病的病原微生物进行灭活研究和验证。

2. 炮制用辅料标准

炮制用辅料已有药用或食用标准的，一般可沿用原标准，必要时根据传统经验及炮制要求进行完善。无标准的，应结合其质量特点，研究建立符合药用要求的质量标准。

特殊来源的辅料，应加强针对性研究。如来源于矿物的辅料，应对重金属及有害元素等进行研究，必要时在辅料标准中建立相应检测项；来源于动物的辅料，应对可能引发人畜共患病的病原微生物等进行研究，必要时建立相应检测方法。

制备炮制用辅料所用原材料也应符合相关产品的质量要求。

3. 炮制用辅料的包装及贮藏

应根据辅料特点选择合适的包装材料 / 容器，必要时应进行辅料与包材的相容性研究。根据稳定性研究结果确定炮制用辅料的贮藏条件。

（三）饮片标准

饮片标准应突出中药炮制特色，注重对传统炮制经验进行总结，反映饮片的质量特点，体现饮片与药材、中药制剂质量标准的关联性，体现中药复杂体系整体质量控制的要求。制定合理的饮片标准，并对饮片炮制进行全过程质量控制，有利于保证饮片质量的稳定。采用特殊方法炮制或具有“生熟异治”特点的饮片应建立区别于对应生品的专属性质控方法。

饮片标准的内容一般包括：名称、基原、产地、炮制、性状、鉴别、检查、浸出物、含量测定、性味与归经、功能与主治、用法与用量、注意、贮藏等。另外，鼓励针对饮片特点和染色、增重、掺杂使假、易霉烂变质等常见问题加强研究，根据风险管理的需要，参照国家相关补充检验方法或研究增加针对性的检测项目，建立相应的检测方法，必要时列入标准。

以下就饮片标准中部分项目的主要研究内容及一般要求进行简要说明：

【炮制】明确饮片的炮制方法、关键工艺参数、辅料种类及用量、炮制程度的要求等。

【性状】根据实际生产用饮片的特点描述其形状、大小、色泽、味道、气味、质地等；必要时附饮片彩色图片。

【鉴别】采用传统经验方法、显微鉴别法、化学反应法、色谱法、光谱法等手段建立饮片的专属性鉴别方法，尤其是存在伪品、易混淆品的饮片，应进行充分的对比研究说明其专属性。在鉴别方法的研究过程中，鼓励采用对照药材（饮片）、对照提取物、标准图谱等为对照，提高鉴别方法的专属性。为提高薄层色谱鉴别方法的专属性，应根据研究结果完善鉴别斑点个数、颜色、位置等内容的描述。

【检查】应对饮片中水分、总灰分、酸不溶性灰分、二氧化硫残留量等项目进行研究，必要时列入标准，并制定合理的限度。对于重金属及有害元素、农药残留、真菌毒素等安全性检查项目，应结合药材来源、生产加工过程等研究，必要时列入标准。毒性饮片或现代研究公认有毒性的饮片，标准中应建立毒性成分的限量检查项。饮片直接粉碎入药的，应根据中药制剂工艺情况，在质量标准中增加微生物检查项。动物类、矿物类、发酵类、树脂类等饮片，应根据其特点建立针对性的检查项。

【浸出物】应结合饮片中成分、中药制剂提取工艺等因素，选择合适的溶剂建立浸出物检测方法，并考察与药材、中药制剂的相关性，制定合理的限度。

【含量测定】根据饮片及中药制剂的质量特点，研究建立与安全性、有效性相关联的有效成分、指标成分或大类成分等的含量测定方法，考察与药材、中药制剂的相关性，并规定合理的含量限度。饮片中既是毒性成分又是有效成分的，应建立其含量测定方法，并规定合理的含量限度。

中药制剂质量标准中建立的质控项目与饮片质量相关的，应在饮片标准中建立相应质控项目，并根据研究结果确定合理的质量要求。

（四）包装与贮藏

饮片的包装、贮藏应便于保存和使用，根据饮片的特性，结合实际生产加工经验，确定合适的包装材料（容器）和贮藏条件。

1. 包装

应根据饮片特点、保存及使用要求，结合实际生产经验，选择合适的包装材料（容器）及包装规格。饮片的包装应不影响饮片的质量，且方便储存、运输、使用。直接接触饮片的包装材料和容器应符合国家药品、食品包装质量标准。关注易挥发、易污染、受潮易变质等特殊饮片的包装。饮片包装上应有明显的包装标识，并应符合国家相关规定。

2. 贮藏

结合传统经验及饮片特点，根据饮片的稳定性考察结果确定合适的贮藏条件和适宜的养护技术。贮藏期间需进行必要的养护管理，如需采取防虫防蛀等处理的，应对所用方法、参数等进行研究，养护处理应不影响饮片质量，并详细记录。

四、主要参考文献

1. 国家食品药品监督管理局.《中药、天然药物原料的前处理技术指导原则》. 2005年.

2. 卫生部.《药品生产质量管理规范（2010年修订）》. 2011年.

2.5.3 中药新药质量标准研究技术指导原则（试行）

（国家药监局药审中心2020年第31号通告附件3）

一、概述

中药质量标准是中药新药研究的重要内容。中药质量标准研究应遵循中医药发展规律，坚持继承和创新相结合，体现药品质量全生命周期管理的理念；在深入研究的基础上，运用现代科学技术，建立科学、合理、可行的质量标准，保障药品质量可控。

研究者应根据中药新药的处方组成、制备工艺、药用物质的理化性质、制剂的特性和稳定性的特点，有针对性地选择并确定质量标准控制指标，还应结合相关科学技术的发展，不断完善质量标准的内容，提高中药新药的质量控制水平，保证药品的安全性和有效性。

本指导原则旨在为我国中药新药质量标准研究提供技术指导，重点阐述中药新药质量标准研究及质量标准制定的基本要求，天然药物的质量标准研究也可参照本指导原则。

二、基本原则

（一）质量标准应能反映中药质量

质量标准应根据中药的特点反映中药制剂的质量，并与药物的安全性、有效性相关联。鼓励采用多种形式开展中药活性成分的探索性研究，对处方中所有药味均应建立相应的鉴别方法；通常应选择所含有效（活性）成分、毒性成分和其他指标特征明显的化学成分等作为检测指标。建立质量标准应对检验项目及其标准设置的科学性及合理性、检验方法的适用性和可行性进行评估。在质量标准研究过程中，鼓励探索临床试验及非临床研究结果与试验样品中各指标成分的相关性，开展与中药安全性、有效性相关的质量研究，为质量标准中各项指标确定的合理性提供充分的依据。

（二）质量标准研究的关联性

中药饮片或提取物、中间产物、制剂等质量标准构成了中药制剂的质量标准体系，完善的质量标准体系是药品质量可追溯的基础；反映了中药制剂生产过程中，定量或质量可控的药用物质从饮片或提取物、中间体到制剂的传递过程，这种量质传递过程符合中药制剂的质量控制特点，也体现了中药制剂质量标准与工艺设计、质量研究、稳定性研究等的关系。

（三）质量标准研究应反映制剂特点

质量标准应结合制剂的处方组成、有效成分或指标成分、辅料以及剂型的特点开展针对性研究。不同药物制剂的药用物质基础各不相同，其质量标准的各项检测指标、方法及相关要求等也应分别体现各自不同的特点。中药质量控制方法选择应因药制宜，鼓励多种方法融合。中药复方制剂所含成分与其处方、工艺密切相关，应在其质量标准中建立多种指标的检验检测项目。质量标准各项指标限度及其范围应根据临床试验用样品等的研究数据来确定。

（四）质量标准应科学、规范、可行

中药新药质量标准应符合《中国药典》凡例、制剂通则和各检验检测方法等的要求。质量标准研究应参照《国家药品标准工作手册》的规范，按照《中国药典》中的《药品质量标准分析方法验证指导原则》的要求进行系统研究和验证，以证明分析方法的合理性、可行性。质量标准研究用样品应具有代表性，各检验检测方法应简便、可行。应根据检验检测的需要，合理地选择标准物质，鼓励选择对照提取物用于多指标成分的含量测定方法的研究。

新增的标准物质应按照《药品标准物质研究技术指导原则》的要求，进行结构确证、纯度分析等标定相关研究，并按《药品标准物质原料申报备案办法》的要求送中国食品药品检定研究院对标准物质进行备案。

（五）质量标准研究的阶段性

中药新药质量标准研究是随着新药研究的不断推进而逐步完善的过程。在临床试验前的研究阶段，应着重研究建立包括毒性成分在内的主要指标的检验检测方法，质量标准涉及安全性的指标应尽可能全面。在临床试验期间，应研究建立全面反映制剂质量的指标、方法，提高药品质量的可控性。新药上市前的研究阶段，应重点考虑制剂质量标准的各项指标与确证性临床试验样品质量标准相应指标的一致性。基于风险评估的考虑，合理选择纳入质量标准的检验检测项目，并根据临床试验用样品的检验检测数据制定合理的限度、含量范围等。药品上市后，还应积累生产数据，继续修订完善质量标准。

（六）质量标准应具有先进性

质量标准采用的方法应具有科学性、先进性和实用性，并符合简便、灵敏、准确和可靠的要求。现代科学技术的发展为中药新药的质量标准研究提供了更多的新技术、新方法。若现代科学技术发展的成果符合中药质量标准研究及检验检测实际需要，鼓励在质量标准中合理利用有关的新技术、新方法，以利于更好地反映中药的内在质量。对于提高和完善质量标准的研究，若有采用新方法替换标准中的原方法的情况，则应开展二者的对比研究，合理确定相关指标的质量控制要求。

三、主要内容

中药新药质量标准的内容一般包括：药品名称、处方、制法、性状、鉴别、检查、浸出物、指纹 / 特征图谱、含量测定、功能与主治、用法与用量、注意、规格、贮藏等。以下就中药新药质量标准中部分项目的主要研究内容及一般要求进行简要说明：

（一）药品名称

包括药品正名与汉语拼音名，名称应符合国家药品监督管理部门的有关规定。

（二）处方

处方包括组方饮片和提取物等药味的名称与用量，复方制剂的处方药味排序一般应按君、臣、佐、使的顺序排列。固体药味的用量单位为克（g），液体药味的用量单位为克（g）或毫升（mL）。处方中各药味量一般以1000个制剂单位（片、粒、g、mL等）的制成量折算；除特殊情况外，各药味量的数值一般采用整数位。

处方药味的名称应使用国家药品标准或药品注册标准中的名称，避免使用别名或异名，详细要求参照《中国药典》的有关规范。如含有无国家药品标准且不具有药品注册标准的中药饮片、提取物，应单独建立该药味的质量标准，并附于制剂标准中，提取物的质量标准应包括其制备工艺。

（三）制法

制法为生产工艺的简要描述，一般包含前处理、提取、纯化、浓缩、干燥和成型等工艺过程及主要工艺参数。制法描述的格式和用语可参照《中国药典》和《国家药品标准工作手册》的格式和用语进行规范，要求用词准确、语言简练、逻辑严谨，避免使用易产生误解或歧义的语句。

（四）性状

性状在一定程度上反映药品的质量特性，应按制剂本身或内容物的实际状态描述其外观、形态、嗅、味、溶解度及物理常数等。通常描述外观颜色的色差范围不宜过宽。复合色的描述应为辅色在前，主色在后，如黄棕色，以棕色为主。性状项的其他内容要求应参照《中国药典》凡例。

（五）鉴别

鉴别的常用方法有显微鉴别法、化学反应法、色谱法、光谱法和生物学方法等。鉴别检验一般应采用专属性强、灵敏度高、重现性好、快速和操作便捷的方法，鼓励研究建立一次试验同时鉴别多个药味的方法。

制剂中若有直接入药的生药粉，一般应建立显微鉴别方法；若制剂中含有多种直接入药的生药粉，在显微鉴别方法中应分别描述各药味的专属性特征。化学反应鉴别法一般适用于制剂中含有矿物类药味以及有类似结构特征的大类化学成分的鉴别。色谱法主要包括薄层色谱法（TLC/HPTLC）、气相色谱法（GC）和高效液相色谱法（HPLC/UPLC）等。TLC 法可采用比移值和显色特征等进行鉴别，对特征斑点的个数、比移值、斑点颜色、紫外吸收 / 荧光特征等与标准物质的一致性予以详细描述；HPLC 法、GC 法可采用保留时间等色谱特征进行鉴别。若处方中含有动物来源的药味并且在制剂中仅其蛋白质、多肽等生物大分子成分具备识别特征，应研究建立相应的特异性检验检测方法。

（六）检查

1. 与剂型相关的检查项目

应根据剂型特点及临床用药需要，参照《中国药典》制剂通则的相应规定，建立反映制剂特性的检查方法。若《中国药典》通则中与剂型相关的检查项目有两种或两种以上的方法作为可选项，应根据制剂特点进行合理选择，并说明原因。

2. 与安全性相关的检查项目

处方含易被重金属及有害元素污染的药味，或其生产过程中使用的设备、辅料、分离材料等有可能引入有害元素，应建立相应的重金属及有害元素的限量检查方法，应在充分研究和风险评估的基础上制定合理的限度，并符合《中国药典》等标准的相关规定。

制剂工艺中若使用有机溶剂（乙醇除外）进行提取加工，在质量标准中应建立有机溶剂残留检查法；若使用大孔吸附树脂进行分离纯化，应根据树脂的类型、树脂的可能降解产物和使用溶剂等情况，研究建立提取物中可能的树脂有机物残留的限量检查方法，如苯乙烯型大孔吸附树脂可能的降解产物主要包括但不限于苯、正已烷、甲苯、二甲苯、苯乙烯、二乙基苯等。上述溶剂残留限度或树脂有机物残留限度应符合《中国药典》的规定，或参照国际人用药品注册技术协调会（ICH）的相关要求制订。

若处方中的药味含有某一种或一类毒性成分而非药效成分，应针对该药味建立有关毒性成分的限量检查方法，其限度可根据相应的毒理学或文献研究资料合理制定。

3. 与药品特性相关的检查项目

应根据药品的特点建立有针对性的检查项目，如提取的天然单一成分口服固体制剂应建立有关物质、溶出度等的检查方法；含难溶性提取物的口服固体制剂，应进行溶出度的检查研究。主要指标成分为多糖类物质的制剂，应研究建立多糖分子量分布等反映大分子物质结构特征的专属性检查方法。

4. 检查限度的确定

质量标准中应详细说明各项检查的检验方法及其限度。一般列入质量标准的检查项目，应从安全性方面及生产实际充分论证该检验方法及其限度的合理性。设定的检查限度尤其是有害物质检查限度应在安全性数据所能支持的水平范围以内。

（七）浸出物

浸出物检查可用作控制提取物总量一致性的指标。浸出物的检测方法可根据制剂所含主要成份的理化性质选择适宜的溶剂（不限于一种），基于不同的溶剂可将浸出物分为水溶性浸出物、醇溶性浸出物、乙酸乙酯浸出物及醚浸出物等。应系统研究考察各种影响因素对浸出物检测的影响，如辅料的影响等。浸出物的检测方法中应注明溶剂的种类及用量、测定方法及温度参数等，并规定合理的浸出物限度范围。

（八）指纹 / 特征图谱

中药新药制剂（提取的天然单一成分制剂除外）一般应进行指纹 / 特征图

谱研究并建立相应的标准。内容一般包括建立分析方法、色谱峰的指认、建立对照图谱、数据分析与评价等过程。

指纹/特征图谱一般采用各种色谱方法，如 HPLC/UPLC 法、HPTLC 法、GC 法等。应根据所含主要成分的性质研究建立合适的供试品制备方法。若药品中含多种理化性质差异较大的不同类型成分，可考虑针对不同类型成分分别制备供试品，并建立多个指纹/特征图谱以分别反映不同类型成分的信息。若一种方法不能完整体现供试品所含成分特征，可采用两种或两种以上的方法获取不同的指纹/特征图谱进行分析。

指纹/特征图谱的检测方法、参数等的选择，应以反映制剂所含成分信息最大化为原则。一般选取容易获取的一个或多个主要活性成分或指标成分作为参照物；若无合适的参照物，也可选择图谱中稳定的色谱峰作为参照峰，并应尽可能对其进行指认。

通过对代表性样品指纹/特征图谱的分析，选择各批样品中均出现的色谱峰作为共有峰。可选择其中含量高、专属性强的色谱峰（优先选择已知有效/活性成分、含量测定指标成分及其他已知成分）作为特征峰。指纹/特征图谱研究过程中，应尽可能对图谱中主要色谱峰进行指认。

指纹/特征图谱一般以相似度或特征峰相对保留时间、峰面积比值等为检测指标。可根据多批样品的检测结果，采用指纹图谱相似度评价系统计算机软件获取共有峰的模式，建立对照指纹图谱，采用上述软件对供试品指纹图谱与对照指纹图谱进行相似度分析比较，并关注非共有峰的特征。特征图谱需确定各特征峰的相对保留时间及其范围。应在样品检测数据的基础上进行评价，制定指纹/特征图谱相似度或相对保留时间、峰面积比值及其范围。

（九）含量测定

1. 含量测定指标的选择

制剂的处方组成不同，其含量测定指标选择也不相同。提取的天然单一成分制剂选择该成分进行含量测定。组成基本明确的提取物制剂应建立一个或多个主要指标成分的含量测定方法，应研究建立大类成分的含量测定方法。

复方制剂应尽可能研究建立处方中多个药味的含量测定方法，根据其功能主治，应首选与药品安全性、有效性相关联的化学成分，一般优先选择有效 / 活性成分、毒性成分、君药所含指标成分等为含量测定指标。此外，需考虑含量测定指标与工艺、稳定性的相关性，并尽可能建立多成分或多组分的含量测定方法。若制法中包含多种工艺路线，应针对各种工艺路线研究建立相关有效 / 活性成分或指标成分的含量测定方法；若有提取挥发油的工艺，应进行挥发油总量或相应指标成分的含量测定方法研究，视情况列入标准；若含有明确的热敏感成分，应进行可反映生产过程中物料的受热程度及稳定性的含量测定方法研究，视情况列入标准。

2. 含量测定方法

含量测定方法包括容量（滴定）法、色谱法、光谱法等，其中色谱方法包括 GC 法和 HPLC/UPLC 法等，挥发性成分可优先考虑 GC 法或 GC-MS 法，非挥发性成分可优先考虑 HPLC/UPLC 法。矿物类药味的无机成分可采用容量法、原子吸收光谱法（AAS）、电感耦合等离子体原子发射光谱法（ICP-AES）、电感耦合等离子体质谱法（ICP-MS）等方法进行含量测定。

含量测定所采用的方法应通过方法学验证。

3. 含量范围

提取的天然单一成分及其制剂一般应规定主成分的含量范围；应根据其含量情况和制剂的要求，规定单位制剂中该成分相当于标示量的百分比范围。

提取物质量标准中应规定所含大类成分及主要指标成分的含量范围，大类成分及主要指标成分可以是一种或数种成分；制剂应根据提取物的含量情况和制剂的要求，规定大类成分和主要指标成分的含量范围。

复方制剂鼓励建立多个含量测定指标，并对各含量测定指标规定含量范围。处方若含有可能既为有效成分又为有毒成分的药味，应对其进行含量测定并规定含量范围。

（十）生物活性测定

生物活性测定方法一般包括生物效价测定法和生物活性限值测定法。由于现有的常规物理化学方法在控制药品质量方面具有一定的局限性，鼓励探索开展生物活性测定研究，建立生物活性测定方法以作为常规物理化学方法的替代或补充。

采用生物活性测定方法应符合药理学研究的随机、对照、重复的基本原则，建立的方法应具备简单、精确、可行、可控的特点，并有明确的判断标准。试验系统的选择与实验原理和制定指标密切相关，应选择背景资料清楚、影响因素少、检测指标灵敏和性价比高的试验系统。表征药物的生物活性强度的含量（效价）测定方法，应按生物活性测定方法的要求进行验证。不同药物的生物活性测定方法的详细要求，可参照相关指导原则。

（十一）规格

制剂规格表述应参照《中成药规格表述技术指导原则》的相关要求。

（十二）贮藏

贮藏项目表述的内容系对药品贮藏与保管的基本要求。药品的稳定性不仅与其自身的性质有关，还受到许多外界因素的干扰。应通过对直接接触药材（饮片）、提取物、制剂的包装材料和贮藏条件进行系统考察，根据稳定性影响因素和药品稳定性考察的试验结果，确定贮藏条件。

四、主要参考文献

1. 国家药品监督管理局 .《中药新药研究的技术要求》. 1999 年 .
2. 国家食品药品监督管理局 .《天然药物新药研究技术要求》. 2013 年 .
3. 国家药典委员会 .《国家药品标准工作手册》. 2012 年 .

2.6 中药复方制剂生产工艺研究技术指导原则（试行）

（国家药监局药审中心2020年第43号通告附件）

国家药监局药审中心关于发布《中药复方制剂生产工艺研究技术指导原则（试行）》的通告

（2020 年第 43 号）

在国家药品监督管理局的部署下，药审中心组织制定了《中药复方制剂生产工艺研究技术指导原则（试行）》（见附件）。根据《国家药监局综合司关于印发药品技术指导原则发布程序的通知》（药监综药管〔2020〕9 号）要求，经国家药品监督管理局审查同意，现予发布，自发布之日起施行。

特此通告。

国家药品监督管理局药品审评中心

2020年11月26日

中药复方制剂生产工艺研究技术指导原则（试行）

一、概述

本指导原则主要用于指导申请人开展以中药饮片为原料的中药复方制剂生产工艺研究。申请人应在中医药理论指导下，根据临床用药需求、处方组成、药物性质及剂型特点，尊重传统用药经验，结合现代技术与生产实际进行必要的研究，以明确工艺路线和具体工艺参数，做到工艺合理、可行、药品质量均一稳定可控，保障药品的安全、有效。

本指导原则涉及以下内容：前处理研究、提取纯化与浓缩干燥研究、成型研究、包装选择研究、中试研究、商业规模生产研究、工艺验证等。

由于中药复方组成复杂、化学成分众多以及存在多靶点作用等特点；不同处方药味组成不同，相同的药味针对不同的适应证和临床需求，可能需要采用不同的处理工艺；制剂制备工艺、技术与方法繁多，新技术与新方法不断涌现；不同的制备工艺、方法与技术所应考虑的重点，需进行研究的难点，要确定的技术参数，均有可能不同。因此中药复方制剂生产工艺的研究既要遵循中医药理论，尊重传统用药经验，又要遵循药品研究的一般规律，利用现代研究成果，在分析处方组成和各药味之间的关系、各药味所含成分的理化性质和药理作用的基础上，结合制剂工艺和生产实际、环保节能等要求，综合应用相关学科的知识，采用合理的试验设计和评价指标，开展相关研究。鼓励采用符合产品特点的新技术、新方法、新辅料。

二、基本原则及要求

（一）尊重传统用药经验

中药复方制剂的研究是基于中医药对生命、健康、疾病的认识，是以既往古籍及现代文献记载以及实际临床应用过程中的研究探索和数据积累为基础的。中药复方制剂工艺研究应遵循中医药理论，尊重传统用药经验。因此前期的文献研究工作越系统、深入，临床应用中积累的数据越充分，越能更好地把握研究的核心和重点。

（二）质量源于设计

中药复方制剂研究应基于“质量源于设计”的理念。中药复方制剂工艺研究初期就应以临床价值为导向，在了解药物配伍、临床应用等情况的基础上，设计工艺路线和药物剂型，通过试验研究，理解产品的关键质量属性和量质传递，确定关键工艺参数；根据物料性质、工艺条件等，建立能满足产品质量设计要求且工艺稳健的设计空间，如确定工艺参数控制范围等，并根据设计空间，开展质量风险管理，确立质量控制策略和药品质量标准体系。

（三）整体质量评价

中药复方制剂生产工艺研究中的评价应体现复方整体质量特性。应结合复方中药的特点，从临床应用情况、组方配伍、所含的化学成分、药理药效等方面选择适宜的评价指标。关注与药品安全性及有效性的相关性。

工艺研究选择的指标应该是全面、科学、客观，并尽可能是可量化的，能够客观反映相关工艺过程的变化，能够反映药物质量的整体性、一致性和药效物质的转移规律，保证工艺过程可控。应建立中间体 / 中间产物和工艺动态过程控制评价指标及判断标准。应建立环境友好、成本适宜的生产工艺，并作为质量评价指标。

生产工艺与生产设备密切相关，应树立生产设备是为药品质量服务的理念，生产设备的选择应符合生产工艺的要求。

（四）工艺持续改进

为保证产品质量的均一稳定，中药复方制剂工艺持续改进具有重要意义。各研究阶段确定的工艺路线和工艺参数，由于工艺条件、批量规模等因素的影响，会有一定的局限性。因此一般需要通过扩大生产规模进行验证和改进，上市前应进行商业规模的生产条件验证，确定生产工艺和工艺参数。

中药复方制剂新药生产工艺研究中，工艺路线、关键工艺参数不变的前提下，工艺优化研究工作可在确证性临床试验前进行。上市前各研究阶段及上市后的工艺改进研究，可参照相关指导原则。

三、主要内容

（一）前处理研究

药材前处理方法包括：净制、切制、炮炙、粉碎、灭菌等。饮片炮制研究应尊重临床应用的饮片炮制工艺，符合中药复方制剂研究设计的需要，符合相关技术要求。根据具体药物特点、剂型和制剂设计等要求，如需对饮片进行粉碎、灭菌等前处理，应选择合适的方法、设备、工艺条件和参数，确定相关质量控制要求。

（二）提取纯化、浓缩干燥研究

中药复方制剂成分复杂，为尽可能保留药效物质、降低服用量、便于制剂等，一般需要经过提取、纯化处理。提取、纯化技术的合理、正确运用与否直接关系到药物疗效的发挥和药材资源的利用。中药复方制剂提取纯化、浓缩干燥研究过程中应围绕药物有效性和安全性，注重中医组方配伍理论和临床传统应用经验（如合煎、分煎、先煎、后下等），关注组方药味相互作用以及饮片、中间体 / 中间产物和制剂的量质传递，并考虑规模化生产的可行性，安全、节能、降耗、环保等要求。

1. 工艺路线

不同的提取纯化、浓缩干燥方法均有其特点与使用范围，应根据工艺设计目的，并结合与治疗作用及安全性相关的药物成分的理化性质，药效、安全性研究结果，已有的文献报道，选择适宜工艺路线、方法和评价指标。

工艺路线筛选研究需要关注：

与有效性相关的工艺路线筛选研究。对来源于临床有效方剂的中药复方，一般可以但不限于从以下方面考虑：①临床用药经验。应考虑采用的工艺路线与临床用药（如医疗机构制剂等）工艺路线的异同，如采用与临床用药不同的生产工艺，一般宜与临床用药的工艺进行比较。②药效学试验依据或文献依据。药效学试验可以以临床用药形式（如汤剂）等为对照，选择适宜的药效模型和主要药效学指标，进行工艺路线的对比研究。③药效物质基础的比较。如与临床用药形式（如汤剂）对照，从物质基础等方面进行比较。

与安全性相关的工艺路线筛选研究。应在有效性筛选的同时考察药物的安全性。一般可以但不限于以下方面考虑：前期临床用药时产生的不良反应、文献报道，采用药效试验对比不同工艺路线时动物的安全性指标，有毒、有害成分，单次给药毒性试验结果。

工艺合理性研究是中药复方制剂工艺研究的基础性工作，支持工艺路线合理性的证据越多，为后期研究提供更多保障。应注意工艺不合理可能引发的研发风险。

1.1 提取与纯化工艺

中药复方制剂的提取应在充分理解传统应用方式的基础上，考虑饮片特点、有效成分性质以及剂型的要求，关注有效成分、有毒成分、浸出物的性质和其他质量属性的量质传递。提取溶剂应尽量避免选择使用一、二类有机溶剂。

中药复方制剂的纯化可依据中药传统用药经验或根据药物中已确认的一些有效成分的存在状态、极性、溶解性等设计科学、合理、稳定、可行的工艺。但由于中药复方制剂中成分的复杂性，应考虑纯化的必要性和适宜性。

1.2 浓缩与干燥工艺

依据物料的理化性质、制剂的要求，影响浓缩、干燥效果的因素，选择相应工艺，使所得产物达到要求的相对密度、含水量等，以便于制剂成型。需确定主要工艺环节及工艺条件与考察因素。应考察主要成分，关注不稳定成分。

2. 工艺条件

工艺路线初步确定后，对采用的工艺技术与方法，应进行科学、合理的试验设计和优化。工艺的优选应采用准确、简便、具有代表性、可量化的综合性评价指标与合理的方法，在预试验的基础上对多因素、多水平进行考察。鼓励新技术新方法的应用，但对于新建立的方法，应进行方法的合理性、可行性研究。

应根据具体品种的情况选择适宜的工艺及设备，固定工艺流程及其所用设备。

工艺条件研究中应关注物料性质、工艺参数与产品质量的关系，确定关键工艺参数及范围。

2.1 提取与纯化工艺条件的优化

采用的提取方法不同，影响提取效果的因素有别，因此应根据所采用的提取方法与设备，考虑影响因素的选择和提取参数的确定。一般需对溶媒、提取次数、提取时间等影响因素及生产设备、工艺条件进行选择，优化提取工艺。通常采用成熟公认的优选方法，如果使用新方法应考虑其适用性。

应根据纯化的目的、拟采用方法的原理和影响因素选择纯化工艺。一般应考虑拟保留的药效物质与去除物质的理化性质、拟制成的剂型与成型工艺的需要以及与生产条件的桥接。

工艺参数的确定应有试验依据，说明试验方法、考察指标、验证试验等。工艺参数范围的确定也应有相关研究数据支持。

2.2 浓缩与干燥工艺条件的优化

浓缩与干燥的方法和程度、设备和工艺参数等因素都直接影响物料中成分的稳定，应结合制剂的要求对工艺条件进行研究和优化。

应研究浓缩干燥工艺方法、主要工艺参数，工艺参数范围的确定应有相关研究数据支持。

（三）成型研究

中药复方制剂成型研究应根据制剂成型所用原料的性质和用量，结合用药经验、适应证等，选择适宜的剂型、辅料、生产工艺及设备。

成型工艺的优化，应重点描述工艺研究的主要变化（包括批量、设备、工艺参数等）及相关的支持性验证研究。

1. 剂型选择

药物剂型的不同，可能导致药物作用效果的差异，从而关系到药物的临床疗效及不良反应。

剂型选择应借鉴前期用药经验，以满足临床医疗需要为宗旨，在对药物理化性质、生物学特性、剂型特点等方面综合分析的基础上进行。应提供具有说服力的文献依据、试验资料，充分阐述剂型选择的科学性、合理性、必要性。

剂型的选择应主要考虑以下方面：

1.1 临床需要及用药对象

应考虑不同剂型可能适用于不同的临床病证需要，以及用药对象的顺应性和生理情况等。

1.2 制剂成型所用原料的性质和用量

中药有效成分复杂，各成分溶解性、稳定性，在体内的吸收、分布、代谢、排泄过程各不相同，应根据药物的性质选择适宜的剂型。

选择剂型时应考虑处方量、制剂成型所用原料的量及性质、临床用药剂量，以及不同剂型的载药量等。

1.3 安全性

选择剂型时需充分考虑药物安全性。应关注剂型因素和给药途径可能产生的安全隐患（包括毒性和副作用）。

另外，需要重视药物制剂处方设计前研究工作。在认识药物的基本性质、剂型特点以及制剂要求的基础上，进行相关研究。在剂型选择和设计中注意借鉴相关学科的理论、方法和技术。

2. 制剂处方研究

制剂处方研究是根据制剂成型所用原料性质、剂型特点、临床用药要求等，筛选适宜的辅料，确定制剂处方的过程。制剂处方研究是制剂研究的重要内容。

2.1 制剂处方前研究

制剂处方研究是制剂成型研究的基础，其目的是使制剂处方和制剂工艺适应工业化生产的要求，保证生产时的合理性、可行性及批间一致性。

中药复方制剂处方前研究中，应研究制剂成型所用原料的性质。例如，制备固体制剂应主要研究制剂成型所用原料的溶解特性、吸湿性、流动性、稳定性、可压性等；制备口服液体制剂应主要研究制剂成型所用原料的溶解特性、酸碱性、稳定性以及嗅、味等。

2.2 辅料的选择

制剂成型工艺的研究中，应对辅料的选用进行研究。所用辅料应符合药用要求，新辅料还应符合相关要求。

辅料选择一般应考虑以下原则：满足制剂成型、稳定、作用特点的要求，不与药物发生不良相互作用，避免影响药品的检测。考虑到中药复方制剂的特点，减少服用量及提高用药顺应性，制剂处方应能在尽可能少的辅料用量下获得良好的制剂成型性。

2.3 制剂处方筛选研究

制剂处方筛选研究应考虑以下因素：临床用药的要求、制剂成型所用原料和辅料的性质、剂型特点等。通过处方筛选研究，初步确定制剂处方组成，明确所用辅料的种类、型号、规格、用量等。

3. 制剂成型工艺研究

通过制剂成型研究进一步改进和完善处方设计，最终确定制剂处方、工艺和设备，并关注制剂的稳定性。

3.1 制剂成型工艺要求

制剂成型工艺研究一般应考虑成型工艺路线和制备技术的选择，应注意实验室条件与中试和生产的桥接，考虑大生产制剂设备的可行性、适应性。

对单元操作或关键工艺，应进行考察，以保证质量的稳定。应研究各工序技术条件，确定详细的制剂成型工艺流程。在制剂过程中，对于含有毒药物以及用量小而活性强的药物，应特别注意其均匀性。

3.2 制剂技术、制剂设备

在制剂研究过程中，特定的制剂技术和设备往往可能对成型工艺，以及所使用辅料的种类、用量产生很大影响，应正确选用。

在制剂研究过程中，应重点考察设备类型、工艺参数对制剂关键质量属性的影响，可采用多样化的数学建模方法开展制剂成型所用原料性质、工艺参数、关键质量属性评价指标之间的相关性研究，建立关键物料属性、关键工艺参数、制剂成型所用原料关键评价指标的设计空间，并探索相应的过程控制技术，以减少批间质量差异，保证药品质量的稳定，进而保障药品的安全、有效。先进的制剂技术以及相应的制剂设备，是提高制剂水平和产品质量的重要方面，也应予以关注。

（四）包装选择研究

中药复方制剂的包装选择研究主要指制剂成品、中间体/中间产物（如适用）直接接触药品的包装材料（容器）的选择研究，也包括次级包装材料（容器）的选择研究。

应根据产品的影响因素及稳定性研究结果，选择直接接触药品的包装材料（容器）。直接接触药品的包装材料（容器）的选择，应符合直接接触药品的包装材料（容器）、药品包装标签管理等相关要求。

在某些特殊情况或文献资料不充分的情况下，应加强药品与直接接触药品的包装材料（容器）的相容性考察。特别是含有有机溶剂的液体制剂或半固体制剂，一方面可以根据迁移试验结果，考察包装材料中的成分（尤其是包材的添加剂成分）是否会渗出至药品中，引起产品质量的变化；另一方面可以根据吸附试验结果，考察是否会由于包材的吸附/渗出而导致药品浓度的改变、产生沉淀等，从而引起安全性担忧。采用新的直接接触药品的包装材料（容器）或特定剂型直接接触药品的包装材料（容器），在包装材料（容器）的选择研究中除应进行稳定性试验需要进行的项目外，还应增加适宜的考察项目。

（五）中试研究

中试研究是对实验室工艺合理性的验证与完善，是保证工艺达到生产稳定性、可操作性的必经环节。完成中药复方制剂生产工艺系列研究后，应采用与生产基本相符的条件进行工艺放大研究，为实现商业规模的生产工艺验证提供基础。中试研究应考虑与商业规模生产的桥接。中试研究过程要制定详细的工艺规程，并做好记录。

通过中试研究，探索关键步骤、关键工艺参数控制范围和中间体/中间产物（如浸膏等）的得率范围等，发现工艺可行性、劳动保护、环保、生产成本等方面存在的问题，为实现商业规模的生产提供依据。

中试研究设备与生产设备的工作原理一般应一致，主要技术参数应基本相符。中试样品如用于临床试验，应当在符合药品生产质量管理规范条件的车间制备。

由于药品剂型不同，所用生产工艺、设备、生产车间条件、辅料、包装等有很大差异，因此在中试研究中要结合剂型，特别要考虑如何适应生产的特点开展工作。

中试研究的投料量应考虑与商业规模生产研究的桥接，为商业规模生产提供依据。投料量、中间体/中间产物得率、成品率是衡量中试研究可行性、稳定性的重要指标。中试研究的投料量应达到中试研究的目的。中间体/中间产物得率、成品率应相对稳定。

中试研究一般需经过多批次试验，以达到工艺稳定的目的。

（六）商业规模生产研究

商业规模生产重点考察在规模化条件下，产品质量的均一性、稳定性，特别是与临床试验用样品质量的一致性，并进行对比与评估。通过研究，明确适于商业规模生产的所有工艺步骤及其工艺参数控制范围，明确饮片、中

间体 / 中间产物、质量风险点，保障工艺稳健、环保、经济。

商业规模生产应关注与设备的匹配性、生产各环节的流畅与便捷。产品质量的均一稳定及生产效率是衡量规模化生产的重要指标。

商业规模生产的稳定，一般需经过多批次试验。试验中注意工艺参数、质量属性关联性，关注质量的波动性。相关记录应完善、规范、可追溯。

（七）工艺验证

应在开展临床试验前完成关键环节、关键工艺参数的验证，在申请上市许可前完成完整的工艺验证。工艺验证的生产环境要符合药品生产质量管理规范的要求，生产设备要与拟定的生产规模相匹配。

进行工艺验证时，应进行工艺验证方案的设计，按验证方案进行验证。验证结束后应形成工艺验证报告。应针对中试工艺或商业生产规模，选择适宜的指标，设计工艺验证方案，考察在拟定的生产规模以及工艺条件和参数下，人员、设备、材料、生产环境、管控措施等各方面对产品质量带来的影响。若拟定了设计空间或工艺参数范围，工艺验证中应对拟定设计空间或工艺参数范围的极值进行考察，验证工艺的可行性和产品质量的一致性。